数式なしでわかる

データサイエンス

ビッグデータ時代に
必要なデータリテラシー

Annalyn Ng　Kenneth Soo 共著

上藤 一郎 訳

Ohmsha

Numsense! Data Science for the Layman: No Math Added

by Annalyn Ng and Kenneth Soo

Original English language edition first published in 2017 under the above title printed by Brite Koncept Pte Ltd, www.britekoncept.com
ISBN: 978-981-11-1068-9
All rights reserved. This book or any portion thereof may not be reproduced or used in any manner whatsoever without the express written permission of the authors except for the use of brief quotations in a book review.

© 2017 Annalyn Ng and Kenneth Soo

Japanese language edtion's Copyright © Ohmsha, Ltd. 2017
Ohmsha, Ltd.
3-1 Kanda Nishikicho, Chiyoda-ku, Tokyo, Japan 101-8460
All rights reserved.
Japanese translation rights arranged through Japan UNI Agency, Inc., Tokyo.

No part of this publication may be reproduced, stored in a retrieval system, or transmitted in any form or by any means, electronic, mechanical, photocopying, recording, scanning, or otherwise, without the prior written permission of the publisher.

本書を発行するにあたって，内容に誤りのないようできる限りの注意を払いましたが，本書の内容を適用した結果生じたこと，また，適用できなかった結果について，著者，出版社とも一切の責任を負いませんのでご了承ください．

　本書は，「著作権法」によって，著作権等の権利が保護されている著作物です．本書の複製権・翻訳権・上映権・譲渡権・公衆送信権（送信可能化権を含む）は著作権者が保有しています．本書の全部または一部につき，無断で転載，複写複製，電子的装置への入力等をされると，著作権等の権利侵害となる場合があります．また，代行業者等の第三者によるスキャンやデジタル化は，たとえ個人や家庭内での利用であっても著作権法上認められておりませんので，ご注意ください．

　本書の無断複写は，著作権法上の制限事項を除き，禁じられています．本書の複写複製を希望される場合は，そのつど事前に下記へ連絡して許諾を得てください．

出版者著作権管理機構
（電話 03-5244-5088，FAX 03-5244-5089，e-mail：info@jcopy.or.jp）

JCOPY ＜出版者著作権管理機構 委託出版物＞

推薦のことば

　ビッグデータは，いまやビッグビジネスとなっています．私たちの生活は，ますますデータに依存するようになり，さまざまな企業がデータの価値創造に力を注いでいます．また，パターンを認識し，予測を行う技術が，ビジネスに新しい可能性を生み出しています．例えば，その1つとして，「商品の推奨」システムをあげることができます．これは，売り手と買い手に，ウィン–ウィンの関係を提供するデータサイエンスの技術です．これによって，データにもとづき，買い手が興味をもつと思われる商品を予測し，売り手と買い手の双方に，従来の取引以上の利益をもたらすことができるようになりました．

　しかし，ビッグデータは，パズルピースの1片にすぎません．ビッグデータを含むさまざまなデータに関する科学がデータサイエンスです．それは，文字どおりデータの活用と分析に関する科学ですが，機械学習，統計学，関連する数学の諸分野を含む，実に多面的な顔をもった科学であるといえます．とくに，機械学習は，パターン認識と予測を行う原動力であり，本書でもその成果の多くを取り入れています．機械学習のアルゴリズムは，実際のデータを手にしたとき，その威力をいかんなく発揮し，貴重な知見を私たちに与えてくれますが，それだけではなく，さまざまな情報を活用する新しい方法も導き出してくれるのです．

　今日，データサイエンスが，ビッグデータ時代のデータ革命をどのように推し進めているのか，それを理解したいと思う人は，専門家に限らず一般の人にも多いはずです．しかし残念ながら，理解の前提となる数学の知識不足が，多くの人々を遠ざけているのが現状です．

　本書の意義はここにあります．本書の著者であるAnnalyn NgやKenneth Sooの著作に慣れ親しんできた私にとって，本書が優れた入門書であることは，まったく驚くべきことではありません．本書は，そのタイトルに相応しい，秀逸な入門書であるといえます．特に，一般の入門書に比べて本書を際立たせている特徴の1つは，複雑な数式の

使用を意図的に避けている点にあります．ただし，誤解しないでいただきたいのは，数式を避けることによって，内容を薄め，水準を低くしているというわけでは決してないということです．本書は，初心者のためのデータサイエンスの入門書ですが，そこに盛り込まれている内容は，データサイエンスの基本を確実に理解できるために必要な水準にあり，必要不可欠な知識が，的確かつ簡潔にまとめられています．

「数式を使わない入門書のよいところは何だろうか？」

あなたは，こう自問するかもしれません．実は，かなりたくさんあります！それどころか，初心者には，むしろ本書のような数式を使わない入門書が望ましいとさえいえます．例えば，自動車の運転に興味のある初心者について考えてみてください．初心者にとって大事な自動車の部品に関する水準の高い概説書は，その基礎となる燃焼工学のテキストに比べれば，圧倒的に少ないですね．同じことが，データサイエンスの入門書についてもいえます．つまり，あなたが，データサイエンスについて学びたいのであれば，基礎となる数式を掘り下げて理解する前に，まずは，部品であるさまざまな概念を広く学び，それらをしっかりと理解することから始めたほうが確実です．

このため，本書の「第1章」では，基本的な概念を網羅的に理解できるよう工夫されており，これによって，「データサイエンスとは何か」について，初心者の誰もが，同じ基礎概念の知識を共有しながら本書を読み進めることができるようになっています．また，「選択アルゴリズム」などのように，一般の入門書では見過ごされることの多い話題についても，「第1章」で取り上げられています．このように，「第1章」ではデータサイエンスの包括的な枠組みを示しつつ，重要な諸概念の基本を学ぶことができるよう構成されており，データサイエンスに対する理解を確実に身に付けることができるはずです．

また，本書では，著者たちが必要だと考えるデータサイエンスの手法を1つの方法によって解説するよう試みられています．それは，つ

まり，データサイエンスにとってもっとも重要である機械学習のアルゴリズムに焦点を当て，課題学習型の筋書きに沿って解説を試みるという方法です．おそらく，これは著者たちにとっても大きな決断だったといえるでしょう．k平均法によるクラスター分析，決定木，k最近傍などのアルゴリズムは，こうした方法で解説されています．また，複雑な数学の知識を必要とするために，近よりがたいイメージのあるサポートベクターマシンのような最先端の分類法や，ランダムフォレストのようなアンサンブル学習に含まれるアルゴリズムの解説も加えられています．さらには，現在，深層学習の熱狂的ともいえる流行の原動力となっているニューラルネットワークについても取り上げています．

　さらに，本書のもう1つの特徴は，直感的な事例と組み合わせて，アルゴリズムの解説を試みていることです．例えば，ランダムフォレストを犯罪予測の事例で説明したり，クラスター分析を，映画ファンのパーソナリティ・プロファイルと関連させて説明したりしています．このような，具体的な事例にもとづいた解説は，データサイエンスに対する明快で実際的な理解をもたらすことになるでしょう．同時にそれは，数式なしの相乗効果もあって，皆さんが，最初に抱いたデータサイエンスに対する興味と，それを学ぼうとする動機を，最後までもち続けることにもなるでしょう．

　私は，データサイエンスやそのアルゴリズムを理解したいと思っている人たちに，本書を強くおすすめします．本書に匹敵する優れた入門書は他に見当たりません．データセンスをみがくには，数学に長い時間を費やす理由など，どこにもありはしないのです．

Matthew Mayo（@matthewmayo13）
データサイエンティストでブログ *KDnuggets* の編集者

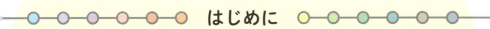

はじめに

　本書は，2人のデータサイエンス信奉者である，Annalyn Ng（ケンブリッジ大学）とKenneth Soo（スタンフォード大学）が，読者の皆さんに捧げるデータサイエンスの入門書です．

　データサイエンスは，今日，仕事や生活のさまざまな場で求められる意思決定に活用されていますが，その反面，多くの人たちが，この分野についてほとんど何も知らないことに，私たちは気づきました．そこで私たちは，学生，ビジネス専門家，一般の人たちに対して，データサイエンスの基本をしっかりと学ぶことができる入門書をまとめました．それが本書です．

　本書の解説では数学などの専門的ないいまわしをあえて使わず，データサイエンスのさまざまな手法について，重要な機能と前提をやさしく述べるよう努めました．また，これらの手法を，できるだけ実際のデータと事例を使って説明するよう配慮しました．

　このような特色のある本書を完成させるには，私たちの力だけではなく，実に多くの人たちの助けを必要としました．ご助力を賜った人たちに対して，紙面を借りて感謝の意を表したいと思います．

　まず，原稿整理の編集者であり，親友でもあるSonya Chanに深く感謝します．彼女は，私たちの文体を巧みに融合させ，文章の流れがなめらかになるようにしてくれました．

　加えて，才能あふれるグラフィックデザイナーであり，本書のレイアウトと表紙のデザインを考えてくれたDora Tanにもお礼を申し上げます．

　さらには，本書を読みやすくするために，助言と提案を惜しまなかった友人，Michelle Poh，Dennis Chew，そしてMark Hoに対しても感謝します．

　また，私たちを忍耐強く指導し，専門的な知識を授けてくださったLong Nguyen教授（ミシガン大学アナーバー校），Percy Liang教授（スタンフォード大学），Michal Kosinski博士（スタンフォード大学）に

も，厚くお礼申し上げます．

　本書が成るまで，私たちは多くの激論を交わし，それは，最初から最後まで絶えず続きました．私たちがよき友人だからこそできたことで，このような真剣な議論を経て，ようやく本書を読者の皆さんに送り出すことができました．最後になりますが，私たちのこのような努力に対して，お互いに感謝したいと思います．

著者記す

目　次

なぜデータサイエンス？ ……………………………………………… xiii

第1章　基本中の基本 ………………………………………… 1

- 1-1　データを準備する−データプレパレーション− ……………… 1
- 1-2　アルゴリズムを選択する − 選択アルゴリズム − ………… 6
- 1-3　パラメータを調整する−パラメータチューニング− ………… 10
- 1-4　モデルの精度を評価する ………………………………… 12
- 1-5　本章のまとめ ……………………………………………… 17

第2章　クラスター分析 …………………………………… 19

- 2-1　顧客クラスターを発見する ……………………………… 19
- 2-2　事例：映画ファンのパーソナリティプロファイル ………… 19
- 2-3　クラスターを確定する …………………………………… 22
- 2-4　利用上の注意点 …………………………………………… 26
- 2-5　本章のまとめ ……………………………………………… 27

第3章　主成分分析 ………………………………………… 29

- 3-1　食品の栄養成分を調べる ………………………………… 29
- 3-2　主成分 ……………………………………………………… 30
- 3-3　事例：食品群を分析する ………………………………… 32
- 3-4　利用上の注意点 …………………………………………… 37
- 3-5　本章のまとめ ……………………………………………… 40

第4章	相関ルール	41
4-1	購入パターンを発見する	41
4-2	支持度・信頼度・リフト値	42
4-3	事例：スーパーマーケットの売買履歴	44
4-4	アプリオリ原理	47
4-5	利用上の注意点	50
4-6	本章のまとめ	51

第5章	社会ネットワーク分析	53
5-1	関係を地図化する	53
5-2	事例：兵器貿易の地政学	54
5-3	ルーバン法	57
5-4	ページランクアルゴリズム	60
5-5	利用上の注意点	64
5-6	本章のまとめ	65

第6章	回帰分析	67
6-1	傾向線を引く	67
6-2	事例：住宅価格を予測する	67
6-3	最急降下法	71
6-4	回帰係数	74
6-5	相関係数	75
6-6	利用上の注意点	76
6-7	本章のまとめ	78

第7章　*k*近傍法と異常検知 79

7-1　食品鑑定 79

7-2　同じ羽の鳥は群れをなす 79

7-3　事例：ワインの不純物を取り去る 82

7-4　異常検知 83

7-5　利用上の注意点 85

7-6　本章のまとめ 86

第8章　サポートベクターマシン 87

8-1　「病気」なのか「病気でない」のか？ 87

8-2　事例：心臓病を予測する 87

8-3　最適な境界線を引く 89

8-4　利用上の注意点 93

8-5　本章のまとめ 94

第9章　決定木 95

9-1　災害時の生存者を予測する 95

9-2　事例：タイタニック号から避難する 96

9-3　決定木をつくる 98

9-4　利用上の注意点 100

9-5　本章のまとめ 101

第10章　ランダムフォレスト 103

10-1　群衆の知恵−みんなの意見は案外正しい− 103

10-2　事例：犯罪を予測する 104

10-3　アンサンブル学習 108

10-4　ブートストラップ集約−バギング− 109

10-5　利用上の注意点 111

10-6　本章のまとめ 112

第 11 章	ニューラルネットワーク	113
11-1	脳をつくる	113
11-2	事例：手書きの数字を認識する	114
11-3	ニューラルネットワークの構成要素	118
11-4	活性化関数	121
11-5	利用上の注意点	123
11-6	本章のまとめ	127

第 12 章	A/Bテストと多腕バンディット	129
12-1	A/Bテストの基本	129
12-2	A/Bテストに関する利用上の注意点	129
12-3	ε-減衰法	130
12-4	事例：多腕バンディット	132
12-5	興味深い事実：勝ちにこだわる	135
12-6	ε-減衰法に関する利用上の注意点	136
12-7	本章のまとめ	137

付　録 ……… 139

用語集 ……… 147

データソースと参考文献 ……… 159

訳者あとがき ……… 163

なぜデータサイエンス?

　いま，あなたが若い医者であったとしましょう．

　ある患者があなたのクリニックにやってきて，息切れや胸の痛みがあり，ときおり胸やけもすると訴えます．そこであなたは，血圧と心拍数を検査するのですが，どちらも正常であり，実際の診察でも，患者の訴えている症状がないことを確認します．

　さらに患者のカルテを見直して，患者が肥満気味であることに気づいたあなたは，太りすぎの人によくある症状なので，それらの症状は適度な運動で抑えることができると患者を安心させ，運動する時間をつくるようすすめます．

　しかし，それがしばしば誤診を招くことになるのです．肥満の人によくあるこうした症状は，心臓を患っている人の症状と似ているため，経験不足の医者の多くは，肥満によるものであると判断して心臓病の検査を怠り，この深刻な病気を見逃してしまうことが多いからです．

　このように，私たちが行うさまざまな判断は，自己の知識や経験と無関係ではありません．しかも，人間の知識や経験は，限定的で主観的，そして不完全なものでもあるため，自分の知識や経験だけにもとづいて判断することは，適切な意思決定のプロセスをゆがめることになりかねません．先ほどの若い医者の事例でいえば，自己の不十分な経験や知識が，正確な結論を導き出す検査を怠ってしまうことになるわけです．

　データサイエンスの出番はここにあります．

　データサイエンスの技術を活用すれば，個人の知識や経験にもとづく判断にかわって，さまざまなデータから得られる情報を，適切な意思決定に結び付けることが可能となります．例えば，先ほどの事例でいえば，似た症状のある多くの患者の診断結果を調べ，見落としていた病状の可能性を確認することができるのです．

今日では，コンピュータと複雑な計算法を駆使して，次のようなことができるようになりました．

- 大規模なデータセットに隠されているトレンドを特定すること
- 予測のためにトレンドを活用すること
- 実際に起こる可能性のある結果について，その確率を計算すること
- 迅速に正確な結論を得ること

本書は，数式を使わず，わかりやすい言葉で書かれた，データサイエンスのやさしい入門書です．データサイエンスでは，データを分析するための計算法をアルゴリズムとよびますが，本書では，さまざまなアルゴリズムの基本を，定型的な解説と可視的な図やグラフを活用して，読者の皆さんに，わかりやすく理解してもらえるよう工夫しています．

また，各章で取り上げたアルゴリズムについては，実際の事例を用いて計算の意味を具体的に説明するよう心がけました．なお，事例で用いたデータは，オンラインを通じて利用することができ，その出所は巻末の「データソースと参考文献」に掲載されています．

各章の主要な論点をすばやく見つけるには，章末の「本章のまとめ」を活用してください．また，本書で出てくる専門用語については，巻末の「用語集」で補足し，併せてアルゴリズムの適否をまとめた「補注」も参照してください．

本書が，読者の皆さんにとって，データサイエンスを理解する一助となり，その学習成果を自身の意思決定に活用することができることを願っています．

では始めましょう．

第1章
基本中の基本

　データサイエンスでは，データ解析に用いるさまざまな手法を「アルゴリズム」とよびますが，それらの活用法をしっかりと理解するには，まず基本中の基本を知ることが大切です．そのため，この第1章では，本書の中でもっとも多くのページ数が割り当てられていますが，基本中の基本を学ぶことによって，データサイエンスに共通する基本的な工程を，確実に見通すことができることでしょう．また，これらの工程を知ることで，アルゴリズムの制約条件だけではなく，最適なアルゴリズムの選択についても，理解を深めることができるでしょう．

　データサイエンスでは，さまざまな応用研究に共通する主要な工程が4つあります．

　第1の工程は，分析の目的に応じてデータを準備し，それを，さまざまな分析に対応できるよう編集することです．

　第2の工程は，分析の要件に応じて，複数のアルゴリズムを，最適なアルゴリズムの候補として選び出すことです．

　第3の工程は，アルゴリズムからモデルを作成し，最適な結果が得られるようパラメータを調整することです．なお，モデルとパラメータについては後ほど詳しく説明します．

　最後の第4の工程は，パラメータの調整を終えた複数のモデルを比較し，最良のモデルを選択することです．

1-1　データを準備する－データプレパレーション－

　データサイエンスはデータがすべてです．データの品質が悪ければ，いくら複雑な分析を試みても，よい結果を導き出すことはできません．

　そこでまず，分析に用いられるもっとも一般的なデータフォーマットと，適切な結果を導き出すために必要なデータの編成について説明

1

していきましょう.

データフォーマット

　分析に使うデータのフォーマットは，表形式がもっとも一般的です.
表 1.1 をみてください. 数学の用語にしたがって，横列を**行**，縦列を
列とすると，1 つの対象（「ペンギン」や「クマ」など）について観測
されたデータの要素（数値）が，各行のセルに示されています. これ
らの要素を，**データポイント**とよびます. それに対して，1 つの**属性**
や**特徴**（「日付」や「果物購入数」など）について観測されたデータポ
イントが各列に示されています. このようなデータポイントの集合に
対する特徴を，**変数**とよびます. なお，変数は，データの特徴を示す
次元として理解することもできます.

　表 1.1 のデータは，目的に応じて，観測のタイプを変えることがで
きます. 例えば，この表は，取引「数」のパターンを分析するには適
していますが，取引「日」のパターンを分析したいのであれば，各行
を取引日ごとに集計した表示のほうがよいでしょう. また，取引日の
パターンをより深く分析したいのであれば，取引日の天候を新しい変

表1.1　仮想的なデータセットの事例

変数

取引ID	顧客動物	日付	果物購入数	魚購入	支払額（ドル）
1	ペンギン	1月1日	1	あり	5.3
2	クマ	1月1日	4	あり	9.7
3	ウサギ	1月1日	6	なし	6.5
4	ウマ	1月2日	6	なし	5.5
5	ペンギン	1月2日	2	あり	6
6	キリン	1月3日	5	なし	4.8
7	ウサギ	1月3日	8	なし	7.6
8	ネコ	1月3日	?	あり	7.4

データポイント

※動物を顧客としたスーパーマーケットの食品取引を示している. 各行は，顧客の個別情
　報，各列は，取引の内容や状況に関する情報を意味している.

表1.2 取引日別に集計されたデータセット

		変数		
日付	収益額(ドル)	顧客数	天候	週末
1月1日	21.5	3	晴れ	はい
1月2日	11.5	2	雨	いいえ
1月3日	19.8	3	晴れ	いいえ

※「天候」と取引日が週末だったかどうかを示す「週末」の変数を加えている.

数として加えることも検討する必要が出てきます(表1.2).

変数のタイプ

　変数には,主に4つのタイプがあります.適切なアルゴリズムを選択するうえで,これらのタイプを区別することは重要です.

● **2値変数**

　もっともシンプルな変数のタイプです.これはデータポイントの選択肢が2つしかありません.表1.1では,顧客が魚を購入したかどうかを調査した「魚購入」が2値変数に相当します.

● **カテゴリー変数**

　データポイントの選択肢が2つ以上の場合は,カテゴリー変数とよばれます.表1.1では,顧客である動物を記載した「顧客動物」がカテゴリー変数に相当します.

● **離散変数**

　データポイントの数値が整数値である変数です.表1.1では,購入した果物の数を示す「果物購入数」が離散変数に相当します.

● **連続変数**

　データポイントの数値が小数を含む数値,つまり連続値である変数です.表1.1では,顧客が買い物で支払った金額を示す「支払額」が連続変数に相当します.

変数の選択

　データサイエンスでは，多くの変数からなるデータセットを，すべて一括して取り扱うこともできますが，1つのアルゴリズムに対して非常に多くの変数を投入すると，計算の速度が遅くなったり，過剰な誤差を含む予測結果が導き出されたりするものです．そのため，もっとも重要な変数を，計算の候補として選択する必要があります．

　この変数選択は試行錯誤のくり返しです．計算結果をフィードバックさせ，新たに変数を入れ換えて再計算し，最適な結果が得られるまでくり返さなければなりません．

　変数選択の手はじめとしては，まず利用可能なすべての変数について，変数間の相関（第6章6-5節参照）を調べることです．それには，データポイントを散布図に描くことが役に立ちます．こうした過程を経て，もっとも重要と思われる変数を選択することができます．

特徴量エンジニアリング

　場合によっては，既存の変数を組み換えて，予測因子としてより適切な変数を新たにつくる必要があります．このような変数を**特徴量**とよび，それらをデータセットに新たに加えることを，**特徴量エンジニアリング**といいます．

　例えば，どのような顧客が魚の購入を避けるのか，それを表1.1から予測したいのであれば，「顧客動物」の変数をみて，魚を買わなかったのがウサギ，ウマ，キリンの顧客であることを確認できれば，それで済むはずです．

　しかし，「顧客動物」の変数を，顧客の食性に対応させた変数に組み換えて，より広く「草食動物」「雑食動物」「肉食動物」のカテゴリーで顧客を分類する新たな変数をつくれば，さらに一般的な結論を導き出すことができるでしょう．つまり「草食動物は魚を買わなかった」という結論です．

　また，1つの変数を組み換えて新たな変数をつくるだけではなく，**次**

元削減という技術を使えば，複数の変数を組み合わせた合成変数をつくることも可能です．次元削減については第3章で詳述しますが，簡単にいうと，分析に必要な既存の変数を，比較的少数の新しい変数に圧縮し，そこからもっとも有効な情報を抽出するための手法です．

欠測データ

　欠測値のないデータを「完全データ」とよびますが，このようなデータがいつも利用できるとは限りません．例えば，表1.1の「果物購入数」については，ID番号8の「ネコ」の取引きが記録されていません．このような欠測を含むデータは「不完全データ」とよばれ，分析の妨げになることがありますので，可能であれば，事前に何らかの方法で処理することが望ましいといえます．具体的には次の3つがあります．

● 近似値を用いる方法

　欠測値を含む変数が，2値もしくはカテゴリー変数のタイプであれば，当該変数の最頻値（もっとも回答数の多い選択肢）を欠測値のかわりとして用いる方法です．離散変数や連続変数の場合は，中央値が用いられます．

　この方法を，表1.1の欠測値に適用すると，「ネコ」以外の「果物購入量」7件について，取引きの中央値は5となるので，「ネコ」は5つの果物を購入したと推定されます．

● 計算値を用いる方法

　次節でふれるように，より高度なアルゴリズムを用いて，欠測値の「推定値」を計算することもできます．時間はかかりますが，計算から得られた推定値は，近似値を用いる方法に比べて，より正確であるとみなされます．なぜなら，すべての取引きから得られる近似値とは異なり，似たパターンの取引きにもとづいて欠測値の推定を行うからです．表1.1をみると，魚を購入する顧客は，果物の購入量が少ない傾向があり，このパターンを利用して，「ネコ」は2個

か 3 個の果物を買っていると推定されます.

● **削除する方法**

　最後の手段として,欠測値を含む行のデータポイントすべてを削除してしまう方法があります.ただし,分析に使用するデータの数を減らしてしまうので,できれば避けたいところです.なお,各行に含まれるすべてのデータポイントの集合をレコードもしくは個票とよびますが,欠測値を含むレコードを取り除いてしまうと,一部の変数のデータポイントが多くなったり,少なくなったりします.また,標本データのレコード数(データ数)が少なくなることは,結果として,データのランダム性をゆがめる原因になってしまいます.

　例えば,表 1.1 の「ネコ」に限らず,一般にネコの顧客は,果物の購入数を開示することに消極的なのかもしれません.しかし,もし「ネコ」のデータポイントをすべて削除してしまうと,実際にネコの顧客層が存在しているにもかかわらず,私たちが手にする最終的な標本データには,ネコの顧客層の消費動向がまったく反映されなくなってしまい,結果として標本データの代表性をゆがめてしまうことになります.

1-2 アルゴリズムを選択する－選択アルゴリズム－

　本書では,データ解析に用いられるさまざまなアルゴリズムを解説していますが,その種類は 10 を超えています.これらのアルゴリズムの目的や役割は多種多様なので,自分がどのようなことをしたいのか,その分析目的に応じて,アルゴリズムを選択する必要があります.表 1.3 は,本書で取り扱うアルゴリズムを,**機械学習**の考え方にしたがって分類したものです.

　機械学習では,コンピュータという機械が,さまざまなアルゴリズムによるデータ解析を通じて学習し,さらにその学習を通じてアルゴリズムを改善して,最適な予測モデルを更新していきます.その際,アルゴリズムの改善に用いられるデータを**訓練データ**とよび,改善され

表1.3 アルゴリズムとそれらの分類

	アルゴリズム
教師なし学習	k平均法のクラスター分析 主成分分析 相関ルール ソーシャルネットワーク分析
教師あり学習	回帰分析 k近傍法 サポートベクターマシン 決定木 ランダムフォレスト ニューラルネットワーク
強化学習	多腕バンディット

たアルゴリズムが将来適用される未知のデータを**テストデータ**とよんで，両者を区別します．

　データに対するこのような機械学習の考え方は，データサイエンスにとっても有効であるため，以下では，機械学習の視点からアルゴリズムの選択について解説することにします．

教師なし学習

目的：データに潜在しているさまざまなパターンを示すこと

　データセットにひそんでいるパターンを明らかにしたいときは，**教師なし学習**に含まれるアルゴリズムを利用します．このアルゴリズムは，求める結果について，あらかじめ参照すべき助言や例題がないことから，**教師なし**と形容されます．つまり，データにどのようなパターンがひそんでいるか事前にはわからず，そのため，アルゴリズムからどのようなパターンを発見できるのかもわからず，求めるべき結果の正解が事前に用意されていないという意味です．

　表1.1では，いっしょによく購入される品目を学習する教師なしのモデルが適用できます（第4章で説明する相関ルールを使います）．あ

るいは，顧客の購入品目にもとづいて，購入パターンが似た顧客層を1つのグループに分類することもできます．このようにして分類されたグループを，**クラスター**とよびます．

　なお，教師なし学習のアルゴリズムから導き出された結果は，間接的な方法によってその有効性を検証することができます．例えば，表1.1の事例の場合，分類されたクラスターに含まれる顧客のカテゴリーについて，親和性があるかどうかを調べることです．この表から食品購入のパターンを分類した結果，同じグループに分類された顧客クラスターに，草食動物と肉食動物がともに含まれていたのではとても親和性があるとはいえませんね．

教師あり学習

目的：データに存在するパターンを使って予測すること

　データから何かを予測をしたいときは，**教師あり学習**に含まれるアルゴリズムを利用します．また，計算を通じてアルゴリズムを具体的に定式化し，実際の予測を行うのがモデルです．教師あり学習のアルゴリズムやモデルは，求める予測について，事前に参照すべき例題や助言があることから**教師あり**と形容されます．訓練データから明らかにされるパターンを教師からの助言や例題とし，それにもとづいて予測を試みるからです．

　表1.1では，特定の顧客について，「果物購入数」の予測を学習する教師ありのアルゴリズムが適用できます．例えば，「顧客動物」の種類と，彼らが魚を購入したかどうかをたずねた「魚購入」の2つの変数にもとづいて，「果物購入数」の**予測**を行うことです．なお，予測に用いる2つの変数は，**予測変数**，もしくは**説明変数**とよばれます．

　教師ありのモデルは，直接その精度（予測の正確さ）を評価することもできます．表1.1の事例でいうと，「顧客動物」の種類と，彼らの「魚購入」の有無を数値としてモデルに入力すれば，入力された顧客のタイプ（例えば魚を買ったクマ）から，「果物購入数」の予測値を

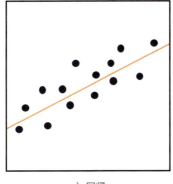 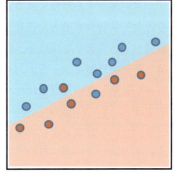

a) 回帰　　　　　　　　　b) 分類

図 1.1　回帰と分類

※ a) の回帰には傾向線（回帰直線）が描かれている．b) の分類には，各グループのカテゴリー化されたデータポイントが描かれている．
両図とも誤差が含まれていることに注意する必要がある．また，a) の回帰では，傾向線から離れているデータポイントが，b) の分類では，異なるカテゴリーに含まれているデータポイントがあるかもしれない．

求めることができます．そこで，モデルから得られた予測値を実際の数値と照合し，その差が，どの程度近いかを調べることによって，モデルの精度を評価するわけです．

　予測値が，「果物購入数」のような整数値や連続値である場合は，**回帰**の問題を解くことになります（図 1.1 の a)）．それに対して，雨が降るかどうかといった 2 値変数や，カテゴリー変数の予測の場合は，**分類**の問題を解くことになります（図 1.1 の b)）．なお，分類の問題を扱うアルゴリズムの多くは，連続値である確率として予測することも可能です．例えば，**「雨が降る確率は 75%である」**といった予測がそれに相当します．

強化学習

目的：予測のためにデータから得られたパターンを使い，さらによりよい結果をもたらすように予測を改良すること

　教師なし学習や教師あり学習とは違い，モデルが学習を通じてさらに展開していくような場合を，**強化学習**とよびます．強化学習モデルでは，予測の結果をフィードバックさせて試行錯誤をくり返し，モデル自身を改良していくことになります．

　例えば，いま，2つのオンライン広告の効果を比較するとします．この場合，広告を閲覧している人数でその有効性を評価することがよく行われますが，強化学習モデルでは，広告の人気を示すこの閲覧者数をフィードバックさせて，より人気のある広告になるよう表示を微調整していきます．この過程をくり返していくと，よりよい広告の表示に特化した学習を通じて，最終的にモデルは精度の高い予測を与えることができるようになるのです．

その他の検討事項

　それぞれのアルゴリズムは，機能以外にも，さまざまな点で違いがあります．例えば，利用できるデータのタイプや，導き出される結果の特徴などですが，詳細についてはそれぞれについて詳しく解説している各章を参照してください．また，「付録A（教師なし学習）」と「付録B（教師あり学習）」にも，アルゴリズムの相違点をまとめた一覧表を示していますので，こちらも併せて参照してください．

1-3 パラメータを調整する−パラメータチューニング−

　データサイエンスで利用可能なアルゴリズムはたくさんありますが，それらはモデルという形に翻訳されます．モデルは，何かを分析しようとする私たち自身がつくるものなので，可能なモデルの数は無限大にあるといえます．つまり，たった1つのアルゴリズムであっても，モデルに含まれるパラメータの調整次第では，さまざまな結果を生み出

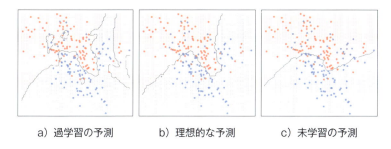

a) 過学習の予測　　　b) 理想的な予測　　　c) 未学習の予測

図1.2　同一アルゴリズムでパラメータが異なるモデルの予測結果

すことになるわけです．

　パラメータとは，設定されたアルゴリズムを微調整するオプションのようなもので，パラメータによる微調整を，**パラメータチューニング**といいます．それは，ちょうどラジオを聞くときに，周波数を調整してうまく音が入るようにすることと似てます．異なるチャンネルには異なる周波数の調整が必要であるように，異なるアルゴリズムにも異なるパラメータの調整が必要になります．なお，本書で取り上げるアルゴリズムのパラメータチューニングについては，「付録C」を参照してください．

　パラメータの調整が不十分であれば，モデルの精度が劣るのはいうまでもないことです．この点を，分類アルゴリズムの事例で示したのが図1.2です．図では，オレンジ色と青色のポイントを区別するため，パラメータは異なりますが，同じ分類アルゴリズムを用いて境界線（黒線）が引かれています．

　図1.2のa）はアルゴリズムが過剰に適合し，データに含まれるランダムな変動についても，持続的なパターンとして誤読されたケースが示されています．この問題は**過学習**，もしくは**過剰適合**とよばれます．過学習のモデルは，現在の**訓練データ**に対しては高い精度で適合しますが，一般性に欠け，将来の**テストデータ**についてはうまく適合しません．

その反対に，図 1.2 の c）には，アルゴリズムの適合が弱く，潜在するパターンを見落としているケースが示されています．この問題は，**未学習**とよばれます．未学習のモデルは，意味あるトレンドを無視することが多く，訓練データにもテストデータにもうまく適合しません．

しかしながら，パラメータが適切に調整されれば，アルゴリズムは，主要なトレンドの適合と，微小な変動の排除という 2 つの問題を両立させ，予測に相応しいモデルを結果として得ることができます．それを示したのが図 1.2 の b）です．

データサイエンスの研究では，過学習が常に頭痛の種となります．予測の誤差を最小化しようとすると，どうしても予測モデルが複雑化し，結局それは，図 1.2 の a）のような結果になります．つまり複雑ですが，余分な境界線の予測を導き出すことになってしまうのです．

モデル全体の複雑さを抑える 1 つの方法は，**正則化**とよばれる過程で**ペナルティパラメータ**を取り入れることです．このパラメータは，モデルが複雑になるほど，より大きい誤差を人工的に生成して予測値にペナルティとして課すもので，その結果，当初のパラメータが最適化され，モデルは精度と複雑さに折り合いをつけることが可能となります．

いずれにせよ，モデルは単純であること，これが一般化を促すことになることはまちがいありません．

1-4 モデルの精度を評価する

作成したモデルには，その評価が必要です．このため，モデルの精度を，予測の結果で比較する方法が評価指標として用いられます．ただし，モデルがどのように定義され，またどのような予測の誤差がペナルティとして課されているかによって，評価指標は異なります．

ここでは，よく用いられている 3 つの評価指標を取り上げます．しかし，分析の目的によっては，特殊なタイプの誤差をペナルティとして課し，それらの回避を想定した，新しい指標が必要になることもあ

ります．したがって，本書で取り上げる評価指標が，すべてを網羅した完ぺきなものではないことに留意してください．なお，評価指標のより詳しい事例については，「付録D」を参照してください．

分類の評価指標

適切な予測の比率

予測の精度をもっとも単純に評価する指標は，「予測が適切であった」と証明された予測が，すべての予測の中で「どの程度存在していたか」を示す比率です．例えば，表1.1のデータを，あるモデルに適用したところ，**「魚を買うかどうかを予測するために作成した予測モデルでは，予測した数の90％が正しかった」**という結果が得られたとしましょう．この90％という比率を評価指標とすることは大変わかりやすいので予測の正確さを評価する1つのモノサシになりえます．ただし，この方法ですと，実際に発生していたはずの予測の誤差については，その情報がまったく省かれていることに注意してください．

混同行列

混同行列とは，予測の正否を，より明確に知るためにまとめられた分類表のことです．

表1.4をみると，モデルの全体的な精度は90％ですが，「買うだろう」という予測よりも，「買わないだろう」という予測のほうがよい結

表1.4 「魚購入」の予測結果の精度を示した混同行列

		予測	
		買うだろう	買わないだろう
実際	買った	1 (TP)	5 (FN)
	買わなかった	5 (FP)	89 (TN)

果を示しています．またこの表から，予測の誤差は，2つのタイプに
等しく分かれていることがわかります．

　まず1つのタイプは，「買うと予測して買わなかった」5つの予測失
敗のケース（FP）で，予測が的中した1つのケース（TP）に比べて
多いことから，**プラスの失敗（FP）**とされます．

　もう1つのタイプは，「買わないと予測して買った」5つの予測失敗
のケース（FN）で，予測が的中した89のケース（TN）に比べて少な
いことから，**マイナスの失敗（FN）**とされます．

　予測の誤差をこのように区別することが，決定的に重要である場合
があります．例えば，表1.4が，「魚購入」の予測ではなく地震予知の
結果だったとすればどうでしょうか．地震が起きると予測しながら実
際には起こらなかったプラスの失敗よりも，地震が起きないと予測し
ながら実際には起きてしまったマイナスの失敗のほうが，はるかに深
刻な結果をもたらすことはいうまでもありませんね．

回帰指標

2乗平均平方根誤差

　回帰の予測は連続値で与えられるため，誤差は，一般に予測値と実
際の数値の差として定量化することができ，その大きさによってペナ
ルティが課せられます．

　2乗平均平方根誤差（RMSE）は，もっとも代表的な回帰の評価指
標ですが，それはとくに大きな誤差を回避したいときに有効な指標と
なります．というのは，個々の誤差を2乗することで，大きな誤差が
増幅されるからです．このため，RMSEは，極端な外れ値に対して数
値が大きくなり，重いペナルティが課せられることになります．なお，
外れ値とは，分析結果に与える影響が大きいデータポイントのことを
いいます．つまり，そのようなデータポイントがあるのとないのでは，
分析結果が大きく異なるということです．

バリデーション

　評価指標はモデルの性能を完全に映し出すわけではありません．本章1-3節でみたように，過学習に帰すべきモデルでは，評価指標が現在の訓練データに対しては適切であっても，将来のテストデータに対しては不適切であるかもしれません．これを防ぐには，**バリデーション**によってモデルを適切に評価することです．

　バリデーションとは，モデルの学習，つまりパラメータの更新を検証する方法です．新規のデータから得られる予測モデルの精度を検証する方法ですが，モデルに新規のテストデータを適用するのではなく，かわりに，現在のデータセットを，訓練データ用とテストデータ用に分割してモデルの精度を検証します．その際，**訓練データ**は，予測モデルを作成しパラメータを調整するために使用します．一方，**テストデータ**は，新規データの代用としてモデルの予測精度を評価するために使用します．このときテストデータを使った予測がもっとも高い精度を示せば，もっともよいモデルが得られたと評価することができます．ただし，この検証過程が有効であるためには，訓練データとテストデータのデータポイントが，ランダムに偏りなく割り当てられていなければなりません．

　しかしながら，分割前のデータが小さくて，テストデータを作成するのに十分な大きさを確保することができない場合があります．というのも，モデルの訓練に用いるデータ量を減少させようとすると，結果として，モデルの精度を犠牲にせざるをえなくなるからです．このような場合に，1つのデータセットで，モデルの作成と予測精度の検証という2つの目的を達成させるためには，データセットを訓練用とテスト用の2つに分離することにかえて，**交差検証**とよばれる方法を用います．

　交差検証とは，データセットをいくつかの部分（セグメント）に分けることにより，モデルの予測精度の検証のために，データを最大限に活用する手法です．ここで，個々に分割されたセグメントは，モデ

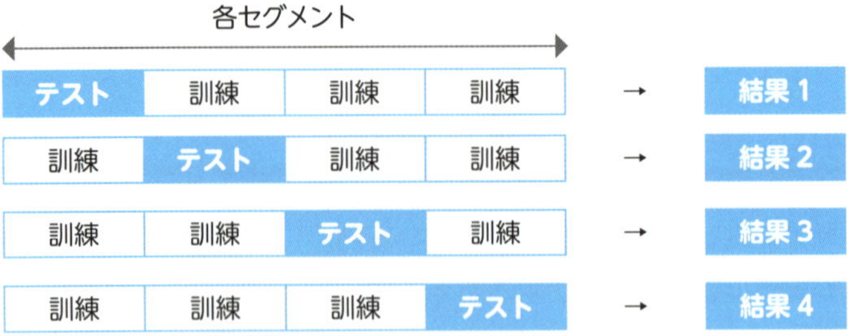

各セグメント

テスト	訓練	訓練	訓練	→	結果1
訓練	テスト	訓練	訓練	→	結果2
訓練	訓練	テスト	訓練	→	結果3
訓練	訓練	訓練	テスト	→	結果4

図1.3　交差検証の事例

※データセットは4つのセグメントに分割され，最終的な予測の精度は4つの結果の平均
　となる．

ルを精査するためにくり返し用いられます．

　具体的には，1回のくり返しで，1つのセグメントを除いた他のすべてのセグメントが，予測モデルを訓練するために用いられ，残りのセグメントにもとづいてモデルの精度が検証されます．この過程は，各セグメントが，確実に1回はテスト用に用いられるまでくり返されます（図1.3）．

　くり返しの過程で，異なったセグメントがそれぞれの予測を与えるため，得られる結果もそれぞれ異なっています．その変動を考慮することで，モデルの実際の予測について，より安定した推定値を得ることができます．最終的な精度の推定値は，それぞれのくり返しで得られた結果の平均値となります．

　なお，交差検証の結果，モデルの予測精度が低いとされたときは，パラメータの再調整をするか，データを再分割してこの過程をくり返すことになります．

1-5 本章のまとめ

　データサイエンスの応用研究には，キーとなる次の4つのステップがありました．

1. データを準備すること．
2. データをモデル化するアルゴリズムを選択すること．
3. モデルを最適化するためアルゴリズムを調整すること．
4. モデルの精度を評価すること．

MEMO

第2章

クラスター分析

2-1 顧客クラスターを発見する

映画の好みを事例にして話を始めましょう．例えば，映画『50回目のファーストキス』が好きな人は，その人の性別にかかわらず，『幸せになるための27のドレス』のような女性向けの映画をよく観る傾向があることがわかったとします．この情報は，映画のDVDを買う顧客層の分類に役立ちます．データから，2つの映画に共通する好みや特徴を見分けることによって，顧客をいくつかのグループに分類することができるからです．またDVD販売店では，このような情報から顧客の興味や関心を推測し，関連するDVDにターゲットを絞って広告を行うこともできます．このような広告を，「ターゲット広告」といいます．

しかし，顧客グループの分類は，そう簡単ではありません．顧客をどのように分類すべきか，また，分類可能なグループはどれくらいあるのか，こうしたことが，あらかじめわかっているわけではないからです．

このような問題に対処するには，**クラスター分析**とよばれる手法を用います．分類されたグループをクラスターとよぶことは第1章でも述べましたが，そのクラスターを，データから直接分類する手法の総称がクラスター分析です．この手法には，さまざまな計算方法がありますが，本章では，**k平均法のクラスター分析**を取り上げます．kはクラスターの数を指しますが，この方法を用いると，顧客や製品をk個のクラスターとして明確に分類することができます．

2-2 事例：映画ファンのパーソナリティプロファイル

顧客クラスターを，k平均法のクラスター分析で分類するには，顧客の定量的な情報が必要となります．例えば，そうした変数の1つに

「所得」があります．これは，高所得者層が低所得者層に比べてブランド品を多く買う傾向があるからです．このような情報は，高所得者層に限定して，高価な商品の広告を行う場合に用いることができます．

　パーソナリティ特性というのも，顧客層をグループ化するにはよい方法の1つです．例えば，フェイスブックユーザーに対するアンケートでも，この方法が用いられています．

　アンケートでは，まずユーザーが招待され，それに応じたユーザーは，パーソナリティ特性に関する次の4つの設問に回答することが求められます．そして，ユーザーの回答から得られた結果は得点化され，分析のためのデータとして利用されます．

　外向性：対人関係を築く能力にどの程度恵まれているか．
　勤勉性：与えられた仕事に対してどの程度熱心に取り組むか．
　情動性：どの程度ストレスがたまるか．
　開放性：新しいものやめずらしいものに対してどの程度受容性があるか．

　最初の分析では，4つのパーソナリティ特性間に，プラスの相関関係があるかどうかを明らかにします．例えば，勤勉性の高い人は外向性も高いとか，あるいは，情動性の高い人は開放性も高い傾向があるとか，そのような関係のことです．プラスの相関が確認できたら，次にこのような関係をわかりやすく視覚化するために，相関のあるパーソナリティ特性を，2対1組のペア（外向性・勤勉性や情動性・開放性など）にして，各ペア内のスコアを集計します．

　このスコアを使って，映画の好みを分析したいのであれば，フェイスブックで「いいね」と回答された映画の広告ページと，このスコアをマッチングさせるとよいでしょう．結果を2次元の散布図に描くと，異なるパーソナリティ特性から，映画ファンのグループを明確に分類することができます．

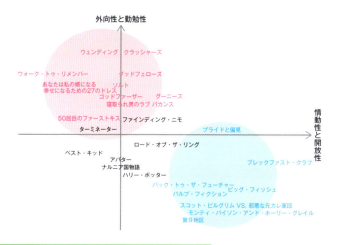

図 2.1 映画ファンのパーソナリティ特性

　図 2.1 は，実際のデータを用いて，著者たちが試算した分類結果を示していますが，この図から，次の 2 つの大きな顧客クラスターを確認することができます．

- **文字が赤色の映画：**
  アクション映画やロマンス映画が好きな勤勉で外向性の高い人
- **文字が青色の映画：**
  前衛映画やファンタジー映画が好きな情動的で開放的な人

　なお，中央に分布している黒色の映画は，一般的な家庭で好まれる映画だと考えられます．
　分類された顧客クラスターは，ターゲット広告を行ううえで有益な情報をもたらします．例えば，『50 回目のファーストキス』が好きな顧客に対して，DVD 販売店は，同じクラスター内の別の映画をすすめることができ，類似した製品を，セットで効果的に割り引いて販売す

ることもできるからです.

2-3 クラスターを確定する

クラスターを確定するには,その前に,そもそもいったいいくつの
クラスターが存在しているのか,そして,それぞれのクラスターに含
まれるメンバー(顧客)をどのように識別するのか,これら2つの疑
問に答える必要がありそうです.

いくつのクラスターが存在しているのか？ —————

これは分析する人の主観にかかわる問題です.図2.1では,2つの大
きなクラスターが示されていましたが,もっと小さなクラスターに再
分割することもできます.例えば,青線で囲まれたクラスターは,ド
ラマ映画(『プライドと偏見』や『ブレックファスト・クラブ』など)
と,ファンタジー映画(『モンティ・パイソン・アンド・ホーリー・グ
レイル』など)の2つのサブクラスターに別けることができます.

ただし,クラスターの数が増加するにつれて,クラスター内のメン
バーはより近くに集中しますが,隣接し合うクラスター間の差別化が
難しくなります.この点は,注意しておきましょう.極端なことをい
えば,1つのクラスターに1つのデータポイントもありえますが,こ
れでは有効な情報とはなりません.

クラスター数とクラスターの差別化にはバランスが必要なのです.意
思決定を行ううえで役に立つパターンを正確に知るには,ある程度の
クラスター数を必要としますが,クラスターの違いをはっきりと区別
するには,できる限り少数のクラスターでなければ意味がありません.

このような二律背反する問題に対処し,適切なクラスターの数を決
める方法の1つが,**スクリープロット**とよばれるグラフを活用するこ
とです(図2.2).

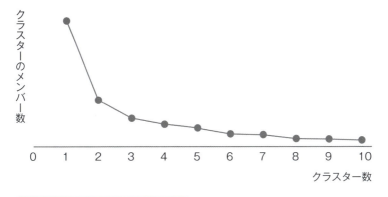

図2.2　スクリープロットの事例

　スクリープロットとは，クラスター数の増加にともない，各クラスターのメンバー数がどの程度減少するかを示したグラフです．したがって，すべてのメンバーがただ1つの大きなクラスターに属していれば，クラスターのメンバー数は最大になります．その反対に，クラスター数が増加していくと，クラスターは次第にコンパクトになり，クラスターのメンバーも，より共通した特徴をもつことになります．

　このため，スクリープロットで急な勾配（傾斜の程度）が示される場合，それは，クラスターのメンバーが合理的に減少したことを意味し，最適なクラスター数であることを示唆しています．図2.2では，クラスター数が2のときに急な勾配が認められ，図2.1で分類された2つのクラスターと一致します．これに比べると，やや弱いとはいえ，クラスター数が3のときにも急な勾配が示されています．すでに指摘したように，この第3のクラスターは，家庭向きの映画に相当します．また，4つ以上のクラスターでは，それぞれの勾配が弱く，これ以上小さなクラスターをつくっても，メンバーの特徴を識別することが難しくなります．

　最適なクラスター数の問題は，これで明らかになりました．そこで次の問題は，クラスターのメンバーを識別する方法です．

クラスターメンバーを識別するには？

　クラスターとして分類されるメンバーの識別は，1つの過程をくり返すことで決まります．そのことを示したのが図2.3で，ここには2つのクラスターに分類する事例が示されています．

　よいクラスターとは，近い距離に密集したデータポイントで構成されるので，クラスターの中心とメンバーの距離を検証することによって，クラスターの有効性を評価することができます．しかしながら，クラ

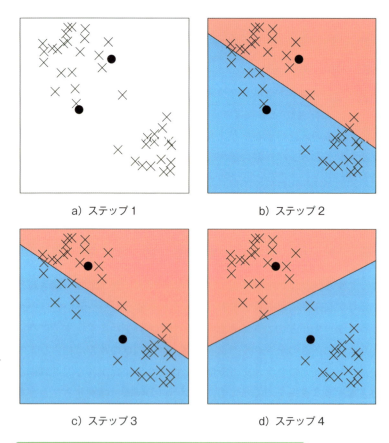

図2.3　k平均法によるクラスター分析のくり返し過程

スターの中心の位置は当初は未知なので，まずは中心の位置を近似的に与え，各クラスターの中心にもっとも近いデータポイントを，1つのグループとして分類します．

　次に，各クラスターの中心点と，メンバー（データポイント）からの距離を測り，クラスターの中心が，メンバーの実際の中心に位置するよう再調整します．例えば，あるデータポイントが，クラスターの中心点から遠く離れ，隣接するクラスターのほうにより近ければ，そのメンバーは，あらためて隣接するクラスターに割り当てられます．

　このようなクラスターのメンバーを識別する手順は，次の4つのステップにまとめられます．一連のステップは，どのような数のクラスターについても同様に適用できます．

ステップ**1** ・・・

　各クラスターの中心点を推測することから始めます．本当の中心点は不明なので，ここでは，これらの中心点を擬似中心点とよぶことにします．

ステップ**2** ・・・

　擬似中心点にもっとも近いデータポイントを，それぞれ，1つのグループとして分類します．そうすることによって，赤色と青色の2つのクラスターを特定します．

ステップ**3** ・・・

　擬似中心点の位置を，実測された距離にもとづいて，それぞれのメンバーの中心で更新します．

ステップ**4** ・・・

　クラスターメンバーを再分類するため，上のステップ**2**から同じ過程をくり返します．そして，クラスターのメンバーが変化しなくなるまで，この過程をくり返します．

　ここでは，2次元の分類を取り扱っていますが，クラスター分析では，3つ以上の多次元についても同様に分類することができます．例

えば，顧客のパーソナリティ特性だけではなく，年齢や DVD 販売店の来店回数などを情報として加え，クラスター分析を行うことです．多次元の場合，視覚化することは難しいですが，データポイントとクラスターの中心点の距離をコンピューターで計算することは 2 次元の場合と同じく容易です．

2-4 利用上の注意点

k 平均法のクラスター分析は，有効な手法とはいえ，応用上の制限がないわけではありません．いくつか列記しておきましょう．

1 つのデータポイントは 1 つのクラスターに分類

1 つのデータポイントは，必ずどこか 1 つのクラスターに分類されなければなりません．ときには，2 つのクラスターの真ん中に，データポイントが存在することがあります．この場合は，等しい確率でどちらかに分類されます．

クラスターは球状

クラスターは球状であることが想定されます．前述のようなくり返し過程は，クラスターにコンパクトな球状を想定しており，そのため，クラスターの半径を狭くすることになります．

このような想定は，1 つの問題を引き起こします．例えば，もしクラスターの形が，楕円形であったならばどうでしょうか．実際には，細長いクラスターであるのに，球状のクラスターを仮定して分類すると，そのすそ部分に分布するメンバーが球状のクラスターからはみ出て，隣接するクラスターに含まれてほしい，この部分が切り捨てられるかもしれません．この点は注意すべきです．

クラスター数は離散値

k 平均法によるクラスター分析は，クラスターが重複することも，ま

た，互いに入れ子のような構造になることも許されません．

　このような制約を回避するため，それぞれのデータポイントを，単一のクラスターに強制的に割り当てることを止め，より安定したクラスター分類の手法を用いることもできます．それは，各データポイントが，別のクラスターに分類されうる確率を計算する方法で，これによって球状ではないクラスターや，重複したクラスターを分類することができるようになります．

　しかし，このような制約があるにもかかわらず，k平均法が選ばれる理由をあげるとすれば，それはエレガントな単純さです．単純さというのは，データ解析にとって，もっとも重要な要素の1つです．したがって，データの基本的な構造を理解するうえで望ましい戦略の1つは，こうした制限を緩和する高度な手法を検討する前に，まずは，k平均法のクラスター分析を試みることだといえるでしょう．

2-5　本章のまとめ

- k平均法によるクラスター分析は，類似したデータポイントを分類し，グループ化する手法です．
- データポイントを分類するには，まずもっとも近接したクラスターにデータポイントを分類し，その後，クラスターの中心点を更新していくことです．これら2つのステップを，クラスターのメンバーが変化しなくなるまでくり返します．
- k平均法によるクラスター分析は，球状で重複しないクラスターを分析するには，もっとも適した方法です．

MEMO

第3章
主成分分析

3-1 食品の栄養成分を調べる

　いま，あなたが栄養士であったとしましょう．当然のことながら，仕事上，食品の栄養素について，さまざまなことを調べなければなりません．多種多様な食品を分類するにはどうしたらよいのか，ビタミンの含有量はどれくらいなのか，タンパク質の栄養価はどうなのか，ビタミンとタンパク質の混合量はどうなっているかなど，検討すべきことはたくさんありますね．

　食品の分類については，図 3.1 のように野菜類と肉類のカテゴリーで単純に区分することもできます．しかし，データにもとづいて最適な分類を行うには，食品を識別できる変数が必要です．それがあれば，次のような方法で食品を分類することができます．

可視化による分類方法

　適切な変数を用いて，データを散布図にプロットする方法です．この方法は，視覚的に特徴をとらえて，食品の区別をより深く理解するうえで役に立ちます．

図 3.1　単純な食品ピラミッド

クラスターによる分類方法

　適切な可視化が実現できれば，それによって，潜在しているカテゴリーやクラスターを発見することができます．例えば，肉と野菜のように大きなカテゴリーを識別するだけではなく，これらのカテゴリーをさらに細分化することも可能です．

　問題は，最適な分類をするために必要な変数をどのようにして抽出するかです．

3-2　主成分

　主成分分析（PCA）とは，最適なデータポイントを識別するため，それに必要な変数を明らかにする手法です．このような変数を主成分とよびますが，これは，データポイントの分布の広がりを新しい尺度の「モノサシ（軸・次元）」で計り直した変数を意味します．分布の広がりをバラツキとよぶことにしますと，例えば，図 3.2 では，データポイントの「右上がり」のバラツキに対して第 1 主成分という「モノサシ」，「右下がり」のバラツキに対して第 2 主成分という「モノサシ」が導入され，新たな尺度をもつ変数が作成できることを示しています．

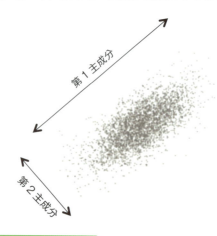

図 3.2　主成分の視覚的表示

例えば，ビタミンC含有量という変数を考えてみましょう．ビタミンCは，野菜類には豊富に含まれているものが多いのですが，肉類はそれほど多くありません．実際，食品のビタミンC含有量を示した図 3.3 の左列をみると，結果として，ホロホロ鳥を除き，野菜類だけが示されています．それはまた，肉類の多くが，ビタミンCを豊富に含んでいないという点で，1 つにまとめられることを意味しています．

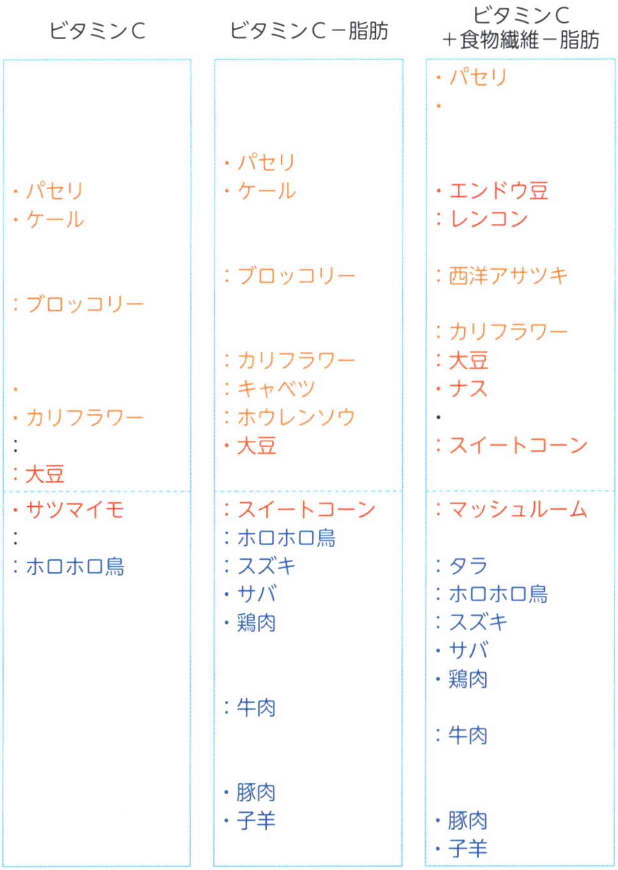

第3章 主成分分析

ビタミンC	ビタミンC−脂肪	ビタミンC ＋食物繊維−脂肪
		・パセリ ・
・パセリ ・ケール	・パセリ ・ケール	・エンドウ豆 ：レンコン
：ブロッコリー	：ブロッコリー	：西洋アサツキ ：カリフラワー
・ ・カリフラワー ： ：大豆	：カリフラワー ：キャベツ ・ホウレンソウ ・大豆	・大豆 ・ナス ・ ：スイートコーン
・サツマイモ ： ：ホロホロ鳥	：スイートコーン ：ホロホロ鳥 ：スズキ ・サバ ・鶏肉	：マッシュルーム ：タラ ：ホロホロ鳥 ：スズキ ・サバ ・鶏肉
	・牛肉	：牛肉
	・豚肉 ・子羊	・豚肉 ・子羊

図 3.3　異なる変数の組み合わせで並べ替えられた食品

31

一方，脂肪についてみると，ビタミンCとは対照的に，肉類には豊富に含まれていますが，野菜にはほとんど含まれていません．このため，肉類の分布のバラツキをみるには，ビタミンCに加えて，脂肪の情報も含めた第2の変数をつくるという方法もありえます．しかしながら，脂肪とビタミンCの測定単位は異なっているので，両者を単純に足したり引いたりして，1つの変数に合成することはできません．それをするには，数値の**標準化**が必要です．

　標準化は，変数の数値を比率で表示することと似ています．つまり，どの変数についても，共通する1つの尺度に「数値を変換する」という意味で似ているということです．このため，標準化によって変換された数値は，複数の異なる変数であったとしても，例えば，次のような計算によって1つの新しい変数をつくることができます．

　　　ビタミンC － 脂肪

　この分布のバラツキを示したのが，図3.3の中央列です．これをみると，ビタミンCから脂肪を差し引いているので，脂肪がほとんどない野菜類は上部に分布していますが，脂肪を多く含む肉類は下部に分布しているのがわかります．さらに，この変数に食物繊維を加え，

　　　ビタミンC ＋ 食物繊維 － 脂肪

という新しい変数を合成して，図3.3の右列に示された分布をみると，野菜類が非常に変化に富んだバラツキを示します．この変数が，図3.3の中では，分布のバラツキをもっとも適切に示しているようです．

3-3　事例：食品群を分析する

　図3.3の事例は，試行錯誤によって主成分を抽出する過程を示していましたが，これをシステム化することができます．例えば，アメリカ農務省のオープンデータを用いて，食品をランダムに抽出し，各食料品に含まれる4つの栄養素（脂肪，タンパク質，食物繊維，ビタ

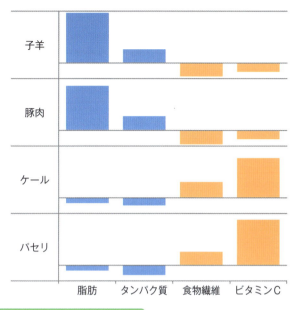

図3.4　食品の栄養素水準の比較

ミンC）の含有量を分析してみましょう．図3.4は，これら4要素の含有量をグラフ化したものですが，この図から，それぞれの食品には特定の栄養素の多さ，もしくは少なさに共通した傾向が読み取れます．

　とくに，脂肪とタンパク質の水準が，食物繊維とビタミンCの水準と正反対の方向性を示していることに注意してください．この傾向を正確に確認するには，相関係数 r を計算して，それぞれの栄養素に関する変数に，相関があるかどうかをチェックしてみるとよいでしょう（第6章6.5節参照）．著者たちが，実際のデータを使って計算した結果，脂肪とタンパク質には有意なプラスの相関（$r = 0.56$）が認められ，食物繊維とビタミンCにも同じく有意なプラスの相関（$r = 0.57$）が認められました．なお，**有意**とは，このような相関関係がランダムに選ばれた一部の食品についてだけではなく，あらゆる食品についても，一般化して主張できることを意味しています．

したがって相関係数を調べることで，4つの栄養素変数を個別に分析する必要はなくなります．つまり，わざわざ4次元で分析するまでもなく，相関の高い変数どうしを合成し，2次元で分析することが可能となるわけです．主成分分析が，**次元削減**の手法であるとみなされるのはこのためです．

　表3.1は，著者たちが実際に行った主成分分析の結果をまとめたものです．

　それぞれの主成分は，あるウェイト（重み）で4つの栄養素変数を合成したものです．ウェイトは，プラスかマイナスか，あるいはゼロに近いか，という点が重要です．例えば，ある1つの食品について，第1主成分の数値（標本スコア）は，次のような計算で求められます．

$$0.55×（食物繊維の含有量）+0.44×（ビタミンCの含有量）$$
$$-0.45×（脂肪の含有量）-0.55×（タンパク質の含有量）$$

なお，上式から求められた各栄養素の含有量は，標準化された数値です．また，標本スコアは，新しく作成された変数のデータポイントとなります．

　このように，主成分分析では，前述のような試行錯誤をくり返す方法とは異なり，ウェイトを精密に計算して，複数の変数を主成分として合成し，食品の差別化や分類を行います．問題は主成分の解釈です．

　表3.1の第1主成分をみてみましょう．それぞれの関係を検討して

表3.1　4つの変数を最適なウェイトで合成させた主成分

	第1主成分	第2主成分	第3主成分	第4主成分
脂肪	−0.45	0.66	0.58	0.18
タンパク質	−0.55	0.21	−0.46	−0.67
食物繊維	0.55	0.19	0.43	−0.69
ビタミンC	0.44	0.70	−0.52	0.22

※同一主成分のピンクのセルは，同じ方向性のウェイトで変数を合成した，主成分を示している．

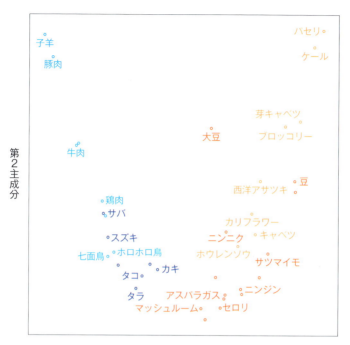

図 3.5　上位 2 つの主成分を用いた食品の標本スコアの散布図

みると，脂肪がタンパク質とペア，食物繊維がビタミン C とペア，そして，両ペアは逆の関係にあるといえそうです．

　このことから第 1 主成分は，肉類を野菜類と差別化する変数であるのに対して，第 2 主成分は，肉類については脂肪の点から，野菜類についてはビタミン C の点から，食品をさらに細かく差別化する変数だといえます．これら 2 つの主成分の標本スコアを散布図に示したのが図 3.5 で，最適なデータのバラツキが示されています．

　さらに，この図をみると，肉類では第 1 主成分の標本スコアが低く，座標点（青色の点）が左側に集中し，その反対側には，野菜類の座標点（オレンジ色の点）が多く集中していることがわかります．また，肉

類でも，魚類（濃い青色の点）は脂肪の含有量が少なく，したがって，第2主成分のスコアも低く，下方に座標点が集中しています．同様に，野菜類でも，根菜系の野菜（濃いオレンジ色の点）は，ビタミンCの含有量が少なく，したがって，第2主成分のスコアも低く下方に座標点が集まる傾向が示されています．

主成分の数を決める

　主成分分析では，データセットにある本来の変数の数と，主成分の数は一致します．なぜなら，主成分は，データセットにある変数から抽出されますので，データポイントを識別することのできる情報は，本来の変数の数に制約されるからです．しかしながら，できる限り単純で一般化された結論を引き出すには，上位にある，できる限り少ない数の主成分を選択すべきです．その方が，可視化をするうえでも便利です．このため，「どこまでの主成分を分析に使用したらよいか」が問題となります．

　各主成分は，もっとも重要な第1主成分に続いて，データポイントの有効な差別化ができるよう順位が付けられ調整されます．分析の候補となりうる主成分の数は，前章でも出てきた，**スクリープロット**をみて決定するのが簡単で便利です．

　図3.6に示されているスクリープロットは，横軸に第1主成分から下位の主成分の番号が，縦軸に各主成分のバラツキの寄与率が示されています．寄与率とは，すべての主成分のバラツキに占める，各主成分のバラツキの相対的な大きさを比率で表したもので，その数値が大きいほど，主成分に含まれている情報も大きく，有効であると評価されます．この図をみると，下位の主成分になるほど寄与率が小さく，その有効性も減少していくことが示されています．主成分数の決定については，大まかな方法ですが，スクリープロットで**勾配**（傾斜の程度）が著しく変化している主成分の順位までを，有効な主成分の数とするのがよいでしょう．

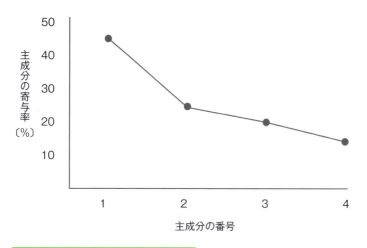

図3.6 主成分のスクリープロット

　図 3.6 では、第 2 主成分のところで、急激に勾配が変化しています．これは、第 3 主成分以降の主成分を用いても、追加すべき情報がほとんどないことを示しています．仮に、それらを分析の対象にしたとしても、解釈が難しくて複雑な結果をもたらすだけです．つまり、このスクリープロットから読み取ることができるのは、上位 2 つの主成分で、データ全体に含まれている情報の約 70％が説明できるということです．

　できる限り少ない数の主成分で、よりよく現在の標本データ（訓練データ）を説明できるということは、新しい未知のデータ（テストデータ）に対しても同様の結果を得ることができ、一般化できるということを意味します．

3-4 利用上の注意点

　主成分分析は、多くの変数からなる、複雑なデータセットに対して有効なデータ解析の方法であるといえます．しかしながら欠点もあります．

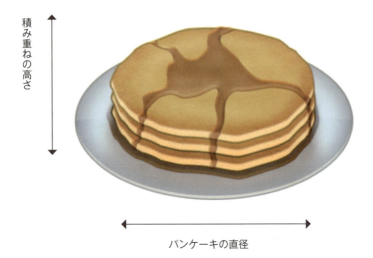

図3.7　パンケーキの事例

バラツキの最大化

　主成分分析は，ある重要な仮定をおいています．もっとも情報が大きく分析のうえで有効なのは，データポイントのバラツキが最大になる主成分だということです．しかし，これは，ときに事実に反することがあります．よく知られたパンケーキ事例で説明しましょう．

　図3.7には，パンケーキの直径と，重ねた枚数の高さが描かれています．パンケーキの枚数を数え上げるには，縦軸（積み重ねの高さ）に沿って，1枚ずつパンケーキを識別していかなければなりません．つまり，パンケーキの識別については，縦軸のバラツキが第1主成分でなければならないということです．しかし，積み上げた高さが低いと，主成分分析では，横軸のバラツキをもっともよい第1主成分として，誤って抽出してしまうことがあるのです．それは，第1主成分が，最大のバラツキにもとづいて抽出される次元だからです．

主成分の解釈

　また，主成分分析の過程で重要な課題の1つは，「抽出された主成分がどのような意味をもつのか」，その解釈を検討することです．ときには，なぜそのような変数の合成がなされたのか，抽出された主成分の意味づけができない場合もあるでしょう．そのような場合，事前の専門的な知識が解釈の手助けになります．

　例えば，本章で扱った食品の事例の場合，4つの栄養素変数を合成した第1主成分を使えば，「脂肪・タンパク質」と「食物繊維・ビタミンC」の組み合わせから，食品を分類することが可能になりました．しかし，なぜ，そのようなカテゴリーの組み合わせで分類することが有効なのか，ということについては，主成分分析から答えを求めることができません．

　それには，栄養学などの食品群の分類に関する専門的な知識が必要だということです．

直交成分

　主成分分析では，常に**直交**する（直角に交じり合う）主成分が抽出されます．逆にいうと，有効な次元が直交していない場合，主成分分析を適用できないということになります．この問題を解決するには，主成分分析のかわりとして，**独立成分分析**という手法を用いることです．

　ただし，独立成分分析では，成分が非直交であることは許容されますが，成分に含まれる情報が重複することは禁じられます（次ページの図3.8）．つまり抽出されたそれぞれの独立成分は，データから単一の情報を明らかにするものであるということです．また，独立成分分析は，データのバラツキだけから成分を決定するわけではないので，前述のパンケーキの事例のような影響を受けることも少なくなります．

　このように独立成分分析は，確かに優れた手法ではありますが，次元削減については，主成分分析がもっともよく知られた手法であり，その有効性も証明されているので，分析の第1選択肢は，やはり主成分

 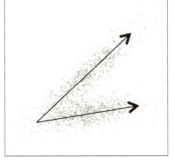

a）主成分分析の成分　　　b）独立成分分析の成分

図3.8　主要な成分抽出に関する主成分分析と独立成分分析の比較

分析になります．独立成分分析は，主成分分析の結果に疑問を感じた場合に試みるべきで，それによって，分析結果の問題点を検証し，補足することが望まれます．

3-5　本章のまとめ

- 主成分分析は，**次元削減**を目的とする手法で，多くの変数からなるデータを，より少ない主成分とよばれる変数で示すことができます．
- 各主成分は，本来の変数の合計に対して，あるウェイトをかけたものです．上位の主成分はデータの分析や可視化に用いられます．
- 主成分分析の機能は，有効な次元が最大のデータのバラツキをもち，お互いの主成分が直交するとき，もっともよく作用します．

第4章

相関ルール

4-1 購入パターンを発見する

スーパーマーケットに買い物にいくとしましょう．何を買うかは，その人の目的と好みによります．あなたが主婦であれば，夕食の準備のためにヘルシーな食材を買うかもしれませんし，独身男性だと，ビールとポテトチップスかもしれませんね．このように，買い物には顧客の特徴によってパターンがあります．スーパーマーケット側がそれを理解できれば，お店の売上を伸ばすことができるかもしれません．例えば，商品Xは，商品Yといっしょに購入されることが多いのであれば，2つの商品の売上を伸ばす方法として，次のようなことが考えられます．

- Yの購入者をターゲットにXの宣伝広告をする．
- XとYを同じ棚に陳列する．その結果，一方の購入者は他方の購買意欲も刺激される．
- XとYをセットにし，新しい1つの製品として販売する．

どのような商品がお互いに関連しているのか，それを発見するには，**相関ルール**とよばれる手法が用いられます．ただし，ここでいう「相関」は，統計学の「相関」と似てはいますが，異なる概念であることに注意してください（第6章6-5参照）．このため，本章ではこのような相関関係を「相関」ではなく，「関連」と表記します．

相関ルールでは，購入する商品のことを**項目**，その項目の集合を**項目セット**，顧客が購入したさまざまな項目の組み合わせを**トランザクション**とよびます．なお，相関ルールは，マーケティングの問題だけではなく，さまざまな分野に用いられています．例えば，医療の分野では，併存症を診断するために活用されています．

4-2 支持度・信頼度・リフト値

相関ルールでは，関連の有無を識別するために，次の 3 つの尺度を用います.

尺度 1：支持度

1 つの項目セットが，すべてのトランザクション（購入した商品の組み合わせ）において，どの程度の頻度（購入した回数）で購入されているかを比率で示した尺度です. 表 4.1 は 8 件のトランザクションの中で，項目セット｛リンゴ｝が 4 件あることを示しており，支持度は 50％になります（図 4.1）.

また，複数の項目セットについても，支持度を計算することができます. 例えば，項目セット｛リンゴ，ビール，米｝の頻度は 2 件なので，支持度は 25％となります.

頻繁に購入される項目セットを特定するために，基準値（閾値）を設定してもよいでしょう. 例えば，｛リンゴ｝の支持度を示した 50％という数値は，よく購入される支持度の基準値としてみなすことができます.

支持度 ｛🍎｝ $= \dfrac{4}{8}$

図 4.1　支持度

表4.1　トランザクションの事例

トランザクション 1	🍎	🍺	🧅	🍗
トランザクション 2	🍎	🍺	🧅	
トランザクション 3	🍎	🍺		
トランザクション 4	🍎	🍐		
トランザクション 5	🍼	🍺	🧅	🍗
トランザクション 6	🍼	🍺	🧅	
トランザクション 7	🍼	🍺		
トランザクション 8	🍼	🍐		

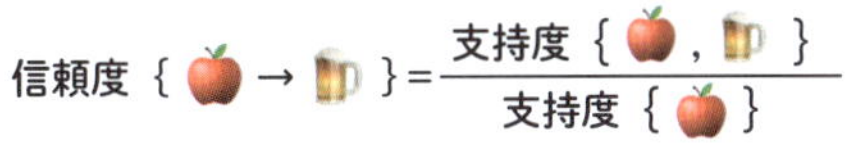

$$\text{信頼度}\ \{\ 🍎 \rightarrow 🍺\ \} = \frac{\text{支持度}\ \{\ 🍎,\ 🍺\ \}}{\text{支持度}\ \{\ 🍎\ \}}$$

> **図 4.2　信頼度**

尺度 2：信頼度

　項目 X を購入した場合に，どの程度項目 Y も購入されているかを示したもので，このような関係を「ルール」とよび，{X→Y} として表します.

　これは，X のトランザクションの中に占める Y のトランザクションを，比率で示した尺度です．表 4.1 にもとづけば，{リンゴ→ビール} の信頼度は，リンゴのトランザクション 4 件の中で，ビールのトランザクションが 3 件あるので，75％ となります.

　あるいは，{リンゴ} の支持度が 50％，{リンゴ，ビール} の支持度が 37.5％ なので，図 4.2 にしたがって 37.5 ÷ 50 として，75％ という数値を求めることもできます.

　一方，信頼度の欠点は，「関連している」という意味を，誤って不正確に示してしまうことがあることです．例えば，{リンゴ→ビール} の信頼度は，リンゴの購入頻度に含まれるビールの購入頻度の比率であって，ビールの購入頻度に含まれるリンゴの購入頻度の比率ではありません.

　したがって表 4.1 のように，ビールが多くの顧客によく買われる項目であれば，リンゴのトランザクションの中に，ビールのトランザクションが含まれる可能性は高く，リンゴの信頼度が過大評価されてしまう可能性があります．ちなみに {ビール→リンゴ} の信頼度は 50％ になり，{リンゴ→ビール} と一致しません．そこで，2 つの商品の購入件数を考慮した，第 3 の尺度を検討する必要が出てきます．それが次の**リフト値**です.

$$\text{リフト値} \{ 🍎 → 🍺 \} = \frac{\text{支持度} \{ 🍎 , 🍺 \}}{\text{支持度} \{ 🍎 \} × \text{支持度} \{ 🍎 \}}$$

> **図4.3　リフト値**

尺度3：リフト値

項目Xと項目Yの購入頻度を計算に入れたうえで，XとYがどの程度いっしょに購入されているかを示す尺度です．したがって，{リンゴ→ビール} のリフト値は，{リンゴ→ビール} の信頼度を {ビール} の支持度で割ったものに等しく，図4.3のように示されます．このリフト値は，分母が {リンゴ} の支持度と {ビール} の支持度の積であるため信頼度の場合とは違い，{リンゴ→ビール} のリフト値も，{ビール→リンゴ} のリフト値も同じ数値になります．

リフト値の読み方は，1を基準とします．表4.1のデータにもとづけば，{リンゴ→ビール} のリフト値は1となりますが，それは，Xの購入とYの購入に関連がないことを示唆しています．また，リフト値が1より大きい場合は，Xを購入すればYも購入する可能性が高いことを意味し，逆にリフト値が1より小さい場合は，Xを購入してもYを購入する可能性が低いことを意味します．

4-3　事例：スーパーマーケットの売買履歴

3つの尺度の使い方を実際に確認するため，スーパーマーケットで取引された過去30日分のデータを用いて分析してみましょう．図4.4は，このスーパーマーケットで取引された項目間の関連を示したものです．信頼度が0.9％以上，リフト値が2.3以上の項目について，その組み合わせが表示されています．

また，この図の黄色の円の大きさは，支持度の大きさを，赤色の円の大きさは，リフト値の大きさを表しています．これらの意味を考慮

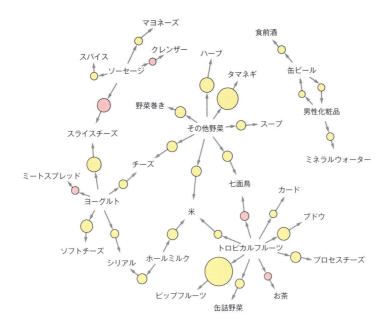

図 4.4 関連のある商品のネットワーク

したうえでこの図を見直すと，次のような購入パターンを読み取ることができます．

- トランザクションの頻度がもっとも多かったのは，「トロピカルフルーツ」と「ピップフルーツ（種ありフルーツ）」である．
- それに次いでトランザクションの頻度が多かったのは，「タマネギ」と「その他野菜」である．
- 「スライスチーズ」を購入した顧客は，「ソーセージ」を購入する傾向がある．
- 「お茶」を購入した顧客は，「トロピカルフルーツ」を購入する傾向がある．

表4.2 ビールの相関ルールに関連する尺度

トランザクション	支持度	信頼度	リフト値
ビール → ソーダ	1.38%	17.8%	1.0
ビール → ベリー	0.08%	1.0%	0.3
ビール → 男性化粧品	0.09%	1.2%	2.6

表4.3 ビールの相関ルールに関連するトランザクションの支持度

トランザクション	支持度
ビール	7.77%
ソーダ	17.44%
ベリー	3.32%
男性化粧品	0.46%

ところで，信頼度の欠点を思い出してください．この尺度は，関連の強さを過大評価してしまう可能性がありましたね．この点をはっきりと示しているのが，ビールを含む相関ルールです．

表4.2をみると，{ビール→ソーダ}の信頼度は，3つの相関ルールの中でもっとも高く，17.8％になっています．しかし，表4.3で示されているように，すべてのトランザクションに占める比率を示したビールとソーダの支持度は7.77％と17.44％なので，両者の関連は単なる偶然によるものなのかもしれません．

そこで，あらためて表4.2を見直すと，{ビール→ソーダ}のリフト値が1.0となっており，ビールとソーダの購入には関連がないことがわかります．

一方，{ビール→男性化粧品}のルールについては，信頼度が1.2％と低い数値になっていますが，これは，男性化粧品の購入件数が少ないことに起因しています．したがって，ある人が男性化粧品を購入すれば，おそらくビールも購入するであろうことは，リフト値が2.6と高い数値であることから容易に推察できます．さらに，{ビール→ベ

リー｝のルールについては，「逆もまた真なり」であるといえます．リフト値が1を下回っており，ビールを購入する顧客はベリーを購入する可能性がほとんどない，という結論にいたります．

　このように，個別に項目セットの購入頻度を計測することは比較的容易ですが，お店側としては，よく売れる人気商品すべてのリストを手に入れたいと願うものです．しかし，このようなリストを作成するには，支持度の数値にもとづく基準値以上の項目セットを候補にあげる前に，可能な項目の組み合わせから構成される，すべての項目セットについて支持度を計算する必要があり，大変な手間がかかります．

　例えば，たった10品目の項目を扱うお店でも，可能な組み合わせからなる項目セットの数は，1023通り（つまり $2^{10} - 1$ 通り）という膨大な数にのぼります．さらに，扱う項目が多くなるにつれて，指数関数的に項目セットの数も多くなっていきます．

　このため，迅速に答えを導き出すための有効な解決法が必要になりますが，その基本は，計算の対象となる項目セットの数を減らすことです．

4-4　アプリオリ原理

　前節の最後に述べた項目セットの数を減らす方法の1つに，**アプリオリ原理**というものがあります．簡単にいえば，項目セットの購入頻度が少ない場合は，その項目を含むより大きな項目セットについても，購入頻度が少ないという原理です．

　例えば，項目セット｛ビール｝のトランザクションがまれであるときは，項目セット｛ビール，ピザ｝のトランザクションもまれであるということです．したがって，計算の対象を，購入頻度の多い項目セットのリストだけに特定すれば，項目セット｛ビール，ピザ｝もビールを含む他の項目セットも検討する必要がなくなります．

　「アプリオリ」とは，「事前に」というラテン語由来の言葉ですが，この原理は，文字どおり事前に不要な項目セットを計算の対象から外す

ことを原則とします.

支持度の高い項目セットを発見する

アプリオリ原理にしたがうと，次のようなステップを経て，頻度の多い項目セットのリストを得ることができます.

ステップ１

{リンゴ} や {ナシ} といった，1つの項目だけの項目セットから検討を始めます.

ステップ２

ステップ１で指定された，各項目セットの支持度を計算します. 得られた支持度から，基準値以上の項目セットを残し，基準値未満の項目セットを検討の対象から外します.

ステップ３

ステップ２で絞り込まれた，1項目の項目セットを使って，すべての可能な組み合わせから構成される項目セットを作成します.

ステップ４

ステップ２とステップ３をくり返します. そして，ステップ３で得られたすべての項目セットについてステップ１の処理を行い，検討の対象となる新たな項目セットがなくなるまで，あらゆる項目セットの支持度を計測します.

図4.5は，候補となった項目セットが，アプリオリ原理を使って，どのように余計なものを取り除いていくかを示しています.

例えば，{リンゴ} の支持度が低ければ，リンゴを含む他のすべての項目セットの候補も取り除かれ，その結果，半分以上の数の項目セッ

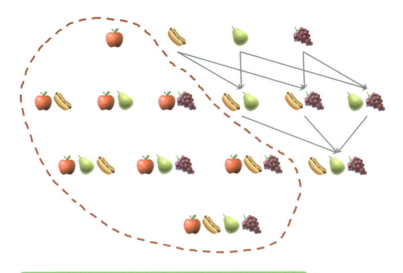

図 4.5　アプリオリ原理にもとづく項目セットの除去

※赤い点線内の項目セットが取り除かれている．

トを検討の対象から外すことができます．

信頼度あるいはリフト値の高い項目ルールを発見する

　支持度の高い項目セットとは別に，アプリオリ原理では，信頼度，もしくは，リフト値が高い項目の関連を識別することもできます．信頼度とリフト値は支持度の数値を用いて計算されますが，これらの関連を発見するには，支持度の高い数値だけを計算の対象にすればよいので，計算量が少なくて済みます．

　例えば，信頼度の高いルールを発見する事例について取り上げてみましょう．{ビール, ポテトチップス→リンゴ} ルールについて，信頼度の数値が低いときは，左側の項目セット（ビールとポテトチップス）と，右側の項目セット（リンゴ）を含む他のすべてのルールについても信頼度が低くなります．この中には，{ビール→リンゴ, ポテトチップス} や，{ポテトチップス→リンゴ, ビール} のルールも含まれ

ます.

これまで説明したように, 水準の低いルールは, アプリオリ原理にしたがって検討の対象から除外してよく, その結果, より少数のルールについてだけ実際の計算をすればよいことになります.

4-5 利用上の注意点

計算コストの高さ

アプリオリ原理によって, 計算の対象を減少させることができるとはいえ, お店で扱う項目数が大変多かったり, 支持度の基準値が低かったりすると, どうしてもその数は多くなります.

代替策の1つとしては, データ構造の優れた特性を活用して, しぼり込んだ項目セットをより有効に並べ替え, 比較する項目セットの数を少なくさせることです.

見せかけの関連

項目セットの数を少なくできたとしても, それなりに多くの項目数を調べるので, その中には, 偶然に関連が生じることもあります. したがって, 発見した関連を一般化させるには, それが「見せかけの関連」かどうかを検証する必要があります (第1章1-4節参照).

しかし, このような制約があるにもかかわらず, 相関ルールは, ほどよい規模のデータセットからパターンを識別するには, 直観的にわかりやすい方法の1つであるといえます.

4-6 本章のまとめ

● 相関ルールは，購入頻度の多い項目が，他の項目の購入頻度とどの程度関連しているかを明らかにします．

● 関連（相関）を測る尺度は基本的に3つあります．本章で使用したマーケティングの場合についてまとめると次のようになります．

1. {X}の**支持度**

   項目Xが全体の中で，どの程度の頻度で購入されているかを示す尺度です．

2. {X→Y}の**信頼度**

   項目Xが購入されたことを前提とした場合に，項目Yがどの程度の頻度で購入されているかを示す尺度です．

3. {X→Y}の**リフト値**

   項目XとYが，それぞれどの程度の頻度で購入されているかを明らかにすると同時に，いっしょにどの程度購入されているかを示す尺度です．

● **アプリオリ原理**は，まれにしか購入しない項目を除外することによって，購入する頻度の多い項目の分析を，迅速に進めることの妥当性を保証します．

MEMO

第5章 社会ネットワーク分析

5-1 関係を地図化する

　私たちは，親戚，同僚，級友といったように，さまざまな社会的つながりをもっています．このようなつながりの相互関係を分析するアルゴリズムが，社会ネットワーク分析（SNA）です．

　この分析では，個人や組織の間で，お互いにどのような関係があるのか，ネットワークのグループ内で，どの程度強く影響し合っているのか，などを調べることができます．

　また，口コミを利用した「バイラル・マーケティング」や「感染症流行モデル」，さらには，スポーツの「ゲーム戦略」にも応用されています．ただし，社会ネットワークを使って関係性を分析するには，事前に関係する人や組織の名前が与えられていなければなりません．そのことを示したのが図5.1です．これは，どのような関係が社会ネットワーク分析で明らかにできるかを示しています．

　図5.1は，4人の友人関係を図示したネットワークですが，社会

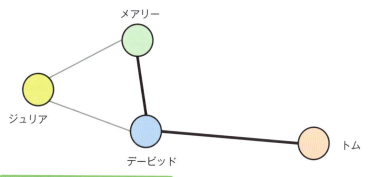

図5.1　友人関係のネットワーク

※より親密な関係が太いエッジ（線）で示されている．

ネットワーク分析では，このようなネットワークを「グラフ」とよび，4 人の個人（あるいは組織）を「ノード」，そのノードを結びつけている線を「エッジ」とよびます．各エッジは，ウェイト（重み）をもっており，図 5.1 では友人関係の強さが示されています．なお，エッジの太さが関係の強さを表します．そこで，この図から，次のようなことが読み取れます．

- デービッドは，他の 3 人すべての人と交友関係があり，もっとも付き合いの広い人です．
- トムは，デービッド以外，ほかの誰とも交友関係はありませんが，デービッドとはよい友人どうしです．
- ジュリアは，メアリーとデービッドと交友関係にありますが，それほど親密な友人どうしではありません．

このような 1 つのネットワーク内の関係だけではなく，社会ネットワーク分析では，他の独立したネットワークが相互に結びついていれば，それらを地図化することもできます．

そこで，本章では，兵器をめぐる国際貿易を取り上げ，影響力のある国々や，その影響力の範囲を明らかにするため，国際的な相互関係を社会ネットワーク分析によって分析してみましょう．

5-2 事例：兵器貿易の地政学

主要な兵器に関する 2 国間取引については，**ストックホルム国際平和研究所**からデータを得ることができます．そもそも，兵器貿易は，2 国間関係の親密さを表す指標のようなものですが，国際的な同調がなければ成立しないものです．

この分析では，まず兵器の貿易額を 1990 年のアメリカ・ドルの価格水準で標準化し，そのうえで，貿易額が 1 億ドルを超える場合を考察の対象としています．新技術の開発にともなう，製品ライフサイクルの変動を考慮して，2006 年から 2015 年における 10 年間の貿易額

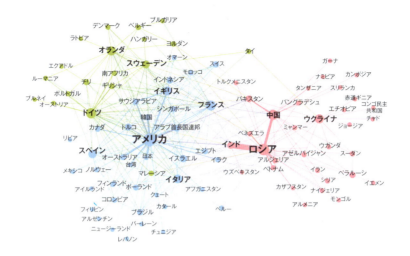

図 5.2 兵器貿易にもとづく世界各国のネットワーク

を取り上げていますが,その結果,91 のノードと 295 のエッジを構築することができました.

図 5.2 は**力指向アルゴリズム**とよばれる手法を用いて,ネットワークを描写したものです.この図では,連結されたノードは各国相互の関係の強さにもとづいて結び付いているのに対して,連結されていないノードはお互いに反目していることを示しています.

例えば,10 年間でもっとも大きな兵器貿易はロシアとインドで行われた取引で,その貿易額は 223 億ドルにのぼっています.その結果,これら 2 国は,近い位置に太いエッジで結び付けられています.

さらに,ルーバン法とよばれる手法を用いて,この図のネットワークを分析すると,地政学的な同盟関係を 3 つのクラスターに分類できることがわかります.なお,ルーバン法については次節で詳述します.

- 青色のグループ

アメリカの支配下にあるもっとも大きなクラスターで，イギリスやイスラエルといった同盟国が含まれています．

- 黄色のグループ

ドイツによって主導されている，主にヨーロッパ諸国を含むクラスターで，このクラスターは，青色のクラスターと密接な関係を共有しています．

- 赤色のグループ

ロシアと中国の支配下にある，主にアジアやアフリカ諸国を含むクラスターで，このクラスターは，他のクラスター（青色と黄色のクラスター）から分離しています．

この結果は，まさに21世紀の地政学的な現状を反映しているといえるでしょう．例えば，長年にわたる西側諸国の同盟関係，民主主義国家と共産主義国家の対立，アメリカと中国の経済成長をめぐる争い，などのような国際関係の現状です．

また，クラスターによる分類とは別に，個々の国々を，その影響力の水準にもとづいてランキングすることもできます．これには，ページランクアルゴリズムとよばれる方法を用いますが，詳しくは後ほど述べます．

図5.3は，もっとも影響力のあるトップ15の国々を表示していますが，図5.2に示されているノードの大きさとラベルからも，これらの国々の影響力の強さを確認することができます．

この分析によれば，世界でもっとも影響力のあるトップ5か国は，アメリカ，ロシア，ドイツ，フランス，中国で，これは，うち4か国が**国連安全保障理事会**の常任理事国として力を行使しているという事実とも一致しています．

そこで，次節では，これらのクラスター分類とランキングに用いた方法を詳しくみていくことにしましょう．

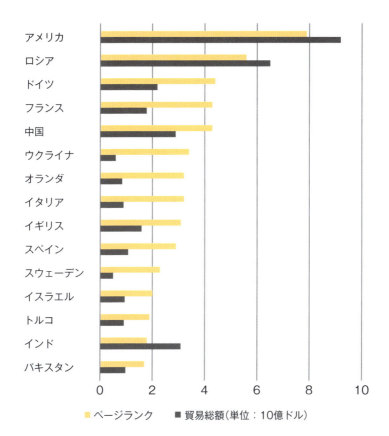

図 5.3　兵器貿易にもとづくトップ 15 か国

※ページランクアルゴリズムにもとづくランキング．

5-3　ルーバン法

　図 5.2 のように，ノードをグループ化することによってネットワークが示すクラスターを分類することができます．そのために用いられるのがルーバン法です．

　このような分類は，ネットワークのどの部分が異なり，それが，どこでどうつながるのかを理解するうえで役に立ちます．

ルーバン法は，ネットワークに存在するクラスターを分類する１つの方法で，次の２つの異なるクラスターの構成法を比較実験することで，クラスターの分類を行います．

①同じクラスターに含まれる，ノード間のエッジの数と強さを，最大化する．

②異なるクラスターに含まれる，ノード間のエッジの数と強さを，最小化する．

　そして，これら２つの条件がどの程度満たされているかを示す数値を**モジュラリティ**とよび，より高い数値のモジュラリティであるほど，より最適なクラスターであることを意味します．モジュラリティを使って実際に最適なクラスターの構成を得るには，以下のステップをくり返します．

ステップ1

　各ノードを，それぞれ単一のクラスターとして扱います．したがって，ノードの数と同じクラスター数から分類を始めます．

ステップ2

　１つのノードを，モジュラリティがもっとも高くて，優れた改良を示したクラスターにあらためて割り当て直します．

　それ以上の改良が見込めないときは，ノードはそのままにしておきます．

　この処理を，すべてのノードについて，再割り当ての必要がなくなるまでくり返します．

ステップ3

　ステップ2で明らかにされたクラスターを単一のノードのように扱い，粗いネットワークを作成します．

　そのうえで，前のくり返しで得られたクラスター間のウェイト付きエッジを，新しいクラスター（ノード）に連結します．

ステップ **4**

ステップ 2 と **ステップ 3** を，これ以上の改良の余地がなく，クラスターの統合が不可能になるまでくり返します．

以上の 4 つのステップからも明らかなように，ルーバン法は，最初に小さなクラスターを発見し，次いで，適切にそれらを合併させることによって，より意味のあるクラスターを発見する方法であるといえます．

シンプルで有効であることから，この法は，ネットワークのクラスター分析でもっともよく選択される方法なのですが，次のような制約もあります．

● **もっとも重要であるにもかかわらず，もっとも小さいクラスターは，別の大きなクラスターに含まれる可能性が生じる．**

もっとも重要なクラスターであるにもかかわらず，もっとも小さいクラスターの場合，クラスターの合併をくり返すことによってそれが見落とされてしまうことがあります．

この問題を避けるため，くり返しの途中で分類されたクラスターを精査し，必要に応じて個々のクラスターを合併せずに維持することが必要になります．

● **クラスターの構成に重複する可能性がある．**

重複や入れ子構造になったクラスターを含むネットワークに対しては，最適なクラスター数を求めることは難しいかもしれません．

ただし，高いモジュラリティを有するクラスター数がいくつかある場合は，別の情報源から，これらのクラスターを検証することができる可能性があります．例えば，図 5.2 について述べたように，地理的な位置と政治イデオロギーが似ているという点で，クラスターを比較検証したことがこれにあたります．

5-4　ページランクアルゴリズム

　クラスターは，このように，親密な相互関係にある地域を明らかにすることができますが，これらの相互関係は，クラスターの中心にあり，そのクラスターの形成にもっとも影響力のあるノードによって，統制されているかもしれません．このようなノードを識別するには，ノードの「ランキング」を行うとよいでしょう．

　ノードのランキングを行う手法の1つに，**ページランク**アルゴリズムがあります．これは，グーグル社の共同創業者であったラリー・ペイジにちなんで命名された手法で，もともとは，グーグル社がウェブサイトのランキングに用いていたアルゴリズムです．ただし，ページランクはどのような種類のノードにも適用できます．

　ウェブサイトのページランクは，次の3つの要因によって決定されます．

● **リンク数**

　1つのウェブサイトが，他のウェブサイトとリンクしている数を示すものです．より多くのウェブサイトとリンクしていれば，より多くのユーザーの注目を集めることができます．

● **リンクの強度**

　これらのリンクが，どの程度の頻度でアクセスされているかを示すものです．リンク元のアクセス頻度が多ければ，そのウェブサイトへの来訪者も多くなります．

● **リンク元**

　より高い順位にある他のウェブサイトと，どの程度リンクしているかを示すものです．リンク元であるウェブサイトがより上位のウェブサイトであれば，そのウェブサイト自体の順位も上がります．

　具体的なページランクの求め方を，図5.4のネットワークの事例で確認してみましょう．この図は，ノードがウェブサイトで，エッジがハイパーリンクであるネットワークを示しています．

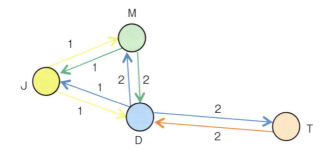

図 5.4　ハイパーリンクによるネットワークの事例

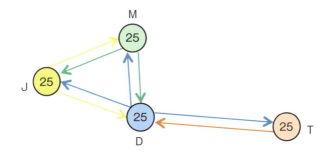

図 5.5　4 つのウェブサイトに 100 人を配分した初期のネットワーク

　より重いウェイトのハイパーリンクは，そのウェブサイトに対して，より多くの来訪者が訪れることを暗示しています．例えば図 5.4 をみると，ウェブサイト M のユーザーは，ウェブサイト D に 2 回訪問していますが，ウェブサイト J には 1 回しか訪問しておらず，それ以外のウェブサイトにはまったく訪問していないことがわかります．

　もっとも多くのユーザーが閲覧したウェブサイトがページランクアルゴリズムでどのように表されるかを簡単に理解するために，図 5.4 を 100 人のユーザーがいた場合に置き換えて説明します．この事例から，ユーザーの閲覧動作を擬似的に検証し，最終的にユーザーがどのウェブサイトにアクセスするかを調べます．

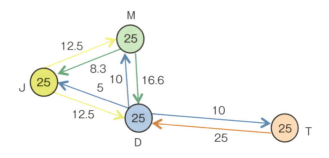

図 5.6　出力リンクの強さにもとづいたユーザーの再配分

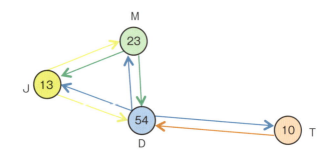

図 5.7　再配分後のユーザー数

　まず図 5.5 のように，100 人のユーザーを 4 つのウェブサイトに均等に配分します．

　次に，出力リンクの強さに応じて，各ウェブサイトのユーザーを再配分します．例えば，ウェブサイト M の 3 分の 2 のユーザーがウェブサイト D に，残り 3 分の 1 がウェブサイト J に訪問したとしましょう．図 5.6 のエッジには，このような各ウェブサイトの往来数が示されています．

　ユーザーを再配分した結果，ウェブサイト M のユーザーは約 23 人となりますが，うち 10 人がウェブサイト D から，残り 13 人がウェブサイト J から来ていることになります．

図 5.7 は，結果として得られたユーザーの分布を四捨五入して整数で示しています．

ウェブサイトのページランクを求めるには，この一連の過程を各ウェブサイトのユーザー数が変化しなくなるまでくり返します．それにより得られた最終的なユーザー数が，各ウェブサイトのページランクに対応します．つまり，ユーザーの訪問数の多いウェブサイトが，より高い順位にランクされることになります．

本章の事例である兵器貿易からみた各国の支配力についても，同様の方法でページランクを求めることができます．その結果，兵器貿易のネットワークにおいて順位の高い国は，同じく順位の高い相手国と多額の貿易取引を行っているという事実が明らかとなります．したがって，そのような国が，世界の兵器貿易のネットワークの中で，影響力のある中心的な役割を演じる存在であるとみなすことができます．

このように，ページランクアルゴリズムは，簡単に利用できる方法ではありますが，1 つの制約があります．それは，**古いノードに対して偏りがある**ということです．例えば，あるウェブサイトのページが，最初のうちは比較的不明瞭なコンテンツだったとすると，優れたページに更新されたとしても，依然として低いページランクしか得ることができない場合があります．この制約は，優れたウェブサイトが検索サイトの推奨から外される潜在的な要因になります．それを防ぐには，ページランクの順位を定期的に更新し，ウェブサイトの評判を高め，順位を上げようとしている新しいウェブサイトに，そのチャンスを与えることが必要です．

しかしながら，この偏りは，常に有害であるとも限りません．例えば，長期にわたって影響力を及ぼすような対象についてランキングをする場合で，支配力にもとづいて各国のランキングを試みた本章の事例も，そのような場合の 1 つに相当します．

これは，アルゴリズムの制約が，問題によっては好ましい結果に作用することがありうることを示しています．

5-5 利用上の注意点

　クラスター分類やランキングの方法は，ネットワークをより深く理解するうえで有効なものですが，分析結果の解釈は慎重に行う必要があります．

　兵器貿易のデータから各国間の関係を評価する本章の事例を使って，そのことを説明しましょう．このシンプルな手法による分析結果には，いくつか落とし穴があるのです．

● 兵器貿易のない外交関係を見落としています

　ほとんどのエッジは，兵器の輸出国と輸入国からつくられています．このため，ある2国が友好国であっても，お互い兵器の輸出国（あるいは輸入国）であったならば，これらの友好関係はネットワークに反映されません．図 5.2 で示されているように，兵器輸出を原則として禁じている日本が，その経済力に見合わず小さいのもこの理由によります．

● 兵器売買に関する他の側面を省略しています

　兵器などの高額なものは，既存のレガシーシステム，つまり時代遅れになった古いシステムと1部統合されて使用される場合があります．このような理由で，新規の兵器売買は，潜在的に減少する可能性があります．加えて，兵器輸出国は，兵器売買の決定にあたって，2国間の関係よりも国内事情（例えば経済的利益）を優先させるかもしれません．例えば，ウクライナは，影響力のある国として国際的に評価されてはいないはずですが，なぜか図 5.3 では第6位にランキングされており，重要な兵器輸出国となっています．これは，ウクライナの国内事情（旧ソ連時代より軍需産業の一大集積地）が反映されたものであると理解することができます．

　このように，分析の結論をめぐる妥当性は，用いるデータが，「測定しようとしている対象を，どの程度十分に反映しているのか」，この点に左右されます．したがって，ネットワークを構築するのに用いるデータのタイプを慎重に選択する必要があります．

なお，選ばれたデータが適切で，アルゴリズムも適切な方法であることを検証するには，分析結果を別の情報源と照合するとよいでしょう．

5-6 本章のまとめ

- 社会ネットワーク分析は，対象間の関係を地図化し，分析するための手法です．

- **ルーバン**法は，クラスター内の相互関係を最大化させ，クラスター間の相互関係を最小化させることによって，クラスターを分類します．この方法は，クラスターの大きさが等しくて，離散値であるときもっともよい結果を与えます．

- **ページランクアルゴリズム**は，リンク数，リンクの強度，リンク元にもとづいて構築したネットワークのノードをランキングする手法です．
  この方法は，ネットワークの中の支配的なノードを識別するのに役立ちますが，新しいノードに対して偏った評価をするという問題もあります．
  それは，短い期間に充実したリンクを新たに構築したような場合に，しばしば発生する問題です．

MEMO

第6章 回帰分析

6-1 傾向線を引く

データのトレンドに傾向線を引くことは，その容易さとわかりやすさから，予測の方法としてはポピュラーなものです．例えば，毎日目にする新聞をめくれば，株価から気温予測まで，実にさまざまなトレンドを示すグラフや図が掲載されていますね．このトレンドの真ん中に1本の直線（傾向線）を引くことができれば，さまざまな予測が可能となります．

その中でもっとも典型的な予測は，ある1つの結果を予測するのに，単一の予測因子を用いるケースです．例えば，ある企業の株価（結果）を時間（予測因子）から予測するような場合がそれに相当します．しかし，この場合，売上高のような予測因子を追加することで，より精度の高い予測になるよう改善することができます．

このような予測を行うには，**回帰分析**ともよばれる手法を用います．回帰分析を使えば，複数の予測因子を追加することで，予測の精度を改善することができるだけではなく，各予測因子の結果に対する影響力の強さも比較することができます．

では，どのようにして回帰分析を行うか，本章では，住宅価格の予測を事例にしながら説明していきましょう．

6-2 事例：住宅価格を予測する

以下で使用するデータは，1970年代におけるアメリカ・ボストンの地域別住宅価格と，それに関連する予測因子のデータです．なお，予備的分析にもとづけば，住宅価格に強く影響する予測因子は，住宅の部屋数と，地域内に住む低所得者層の割合であることがわかっています．

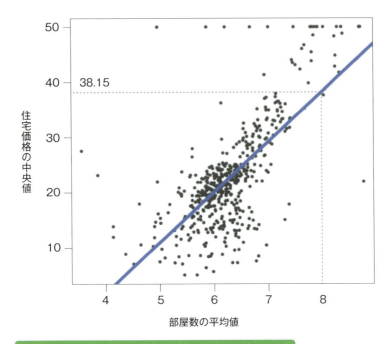

図 6.1　部屋数に対する住宅価格（単位：1000 ドル）

　図 6.1 は，ボストンの，地域別にみた住宅価格の中央値（単位：1000 ドル）と部屋数の平均値を，2 対 1 組の点として表示した散布図です．全体として，データポイントの集まりは右上がりのトレンドを示していることがわかります．つまり，高額な住宅は，一般に部屋数も多いという，あたりまえのことを表しています．この関係を利用して住宅価格を予測するには，トレンドにもっとも適合した直線の傾向線（図 6.1 の青色の線）を引けばよいわけです．このような傾向線のことを回帰直線とよびます．ここで，「もっとも適合した直線」とは，できる限り多くのデータポイントが近くに集まるように引かれた直線のことです．

　回帰直線を求めることができれば，それにもとづいて予測することができます．図 6.1 の場合，例えば 8 部屋ある住宅ならば，その価格

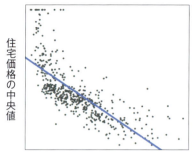

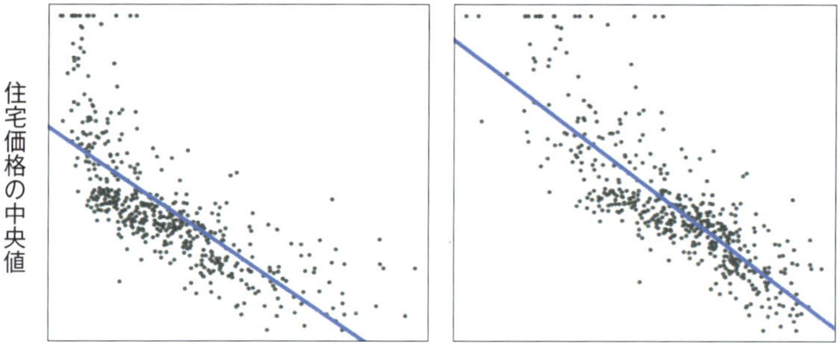

a) 低所得者層の比率（対数変換前）　b) 低所得者層の比率（対数変換後）

図6.2 低所得者層の比率に対する住宅価格

はだいたい 38000 ドルだろうと予測できます．

　また，住宅価格は部屋数だけではなく，地域内に住む住民の所得にも影響を受けます．それを示したのが図 6.2 です．a）は，縦軸に図 6.1 と同じく地域別住宅価格の中央値を，横軸に地域住民の中で低所得者層が占める比率を示しています．これをみると，低所得者層の比率が高い地域の住宅価格は安く，逆にその比率が低い地域は住宅価格が高いというトレンドが示されています．ただし，そのトレンドは，直線（線形）ではなく，少し曲がっています（非線形）．

　このように，トレンドが非線形の場合，予測因子の数値を対数に変換すると，b）のように直線の関係をよりはっきりと示すことができます．

　図 6.1 と図 6.2 を比較すると，図 6.1 よりも図 6.2 のb）のほうが回帰直線にデータポイントが集中しており，部屋数より，低所得者層の比率のほうが，住宅価格の予測因子として強く影響していることを示唆しています．

　いま，住宅の部屋数を「部屋数」，低所得者層の比率を「近隣住民の富裕度」という変数名にするとします．

　回帰分析では，住宅価格の予測値を改善するために，予測因子とし

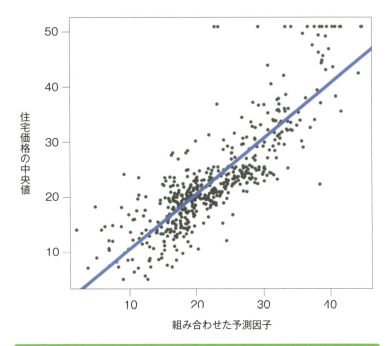

> **図 6.3** 「部屋数」と「近隣住民の富裕度」にウェイトを加えた組み合わせに対する住宅価格

て、これら 2 つの変数を組み合わせたモデルをつくります。このようなモデルを回帰モデルとよびます。すでに指摘したとおり、「近隣住民の富裕度」は「部屋数」よりも住宅価格に強く影響するので、単純に 2 つの変数を合計したモデルではなく、「近隣住民の富裕度」の予測因子に、一定のウェイト（重み）を付加したモデルが必要となります。

　図 6.3 は、最適なウェイトを加えて組み合わせた 2 つの予測因子の数値と、住宅価格の数値を散布図に示したものです。図 6.1 や図 6.2 の b）に比べて、引かれた回帰直線のより近くに、データポイントが集まっていますね。これは、この回帰直線を使って求められる予測値の精度が、図 6.1 や図 6.2 の b）の場合よりも高いことを意味します。

　これを検証するには、表 6.1 で示されているように、3 つの傾向線

表6.1 3つの傾向線の平均予測誤差	
	予測誤差 （単位：1000ドル）
部屋数	4.4
近隣住民の富裕度	3.9
部屋数と近隣住民の富裕度	3.7

から得られる予測誤差を比較するとよいでしょう．

　この表をみると，2つの予測因子にウェイトをつけて組み合わせた場合がもっとも誤差が小さく，精度の高い予測値を求めることが期待できます．しかし，ここで2つの疑問が生じます．

　1つは，どのようにして最適なウェイトを加えるのか，もう1つは，そのウェイトをどのように解釈するのか，です．これらについて，次節で説明します．

6-3 最急降下法

　予測因子のウェイトは，回帰モデルの中でもっとも重要なパラメータであり，最適なウェイトは，一般に方程式の解を求めることで直接求めることができます．しかしながら，回帰分析は，シンプルでその概念が説明しやすいということもあり，ここでは，もう1つの方法を用いて説明しましょう．それが**最急降下法**とよばれる方法で，回帰モデルとは異なり，通常は，パラメータを方程式で直接求めることができないモデルの場合のときに用いられます．

　最急降下法のアルゴリズムは，反復計算によって，予測誤差が最小になるようなウェイトの推定値を求めることが基本となります．まず，適当なウェイトを初期値として与え，これらのウェイトをすべてのデータポイントに対して適用し，予測値を求めます．次に，全体の予測誤差を縮小させるようウェイトを調整した後，同様の過程をくり返しながら，全体の予測誤差が最小になるようウェイトを再調整して，最

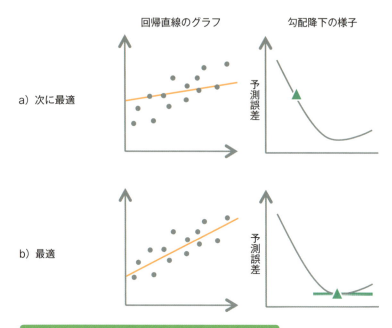

図6.4 最急降下法による回帰直線の導き出し方

適なウェイトの推定値を導き出します.

　この反復過程は,すり鉢状の図形の底を見つけ出すステップと似ています.すなわち,最急降下法のアルゴリズムは,それぞれのステップにおいて,予測誤差がもっとも深く降下している点で勾配を計測し,さらに予測誤差が下降するようウェイトを再計測します.このステップを反復していくと,最終的には,降下点の勾配が0となり,すり鉢状の図形の底に到達します.これは,予測誤差が最小化された点であることを意味します.図6.4は,もっとも低い点の勾配にもとづいて,どのように回帰直線が最適化されるかを図で示したものです.

　最急降下法は,回帰モデルだけではなく,サポートベクターマシン(第8章参照)やニューラルネットワーク(第11章参照)などのようなモデルでも,パラメータを最適化するために利用することができま

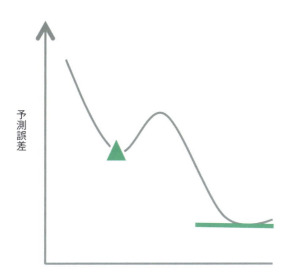

図6.5 最急降下法で最適点を誤る事例（緑色の▲点）

す．しかし，これらの複雑なモデルの場合，最急降下法で得られる結果は，降下の出発点（パラメータの初期値）をどこに設定するかによって影響を受けます．例えば，図 6.5 に描かれている小さなくぼみの上（左）から反復計算を始めると，最急降下法では，このくぼみを底とみなして，最適解にしてしまうおそれがあります．

このようなくぼみをめぐるリスクを小さくするには，最急降下法よりも，**確率的勾配降下法**とよばれるアルゴリズムを使ったほうがよいでしょう．最急降下法は，すべてのデータポイントを用いてパラメータを調整しますが，確率的勾配降下法では，ランダムに 1 つのデータポイントを抽出して予測誤差を計算するので，1 回のくり返しごとに，データポイントがランダムに入れ替わるという可変性があり，それによって，くぼみの問題をある程度回避することができます．確かに，確率的な反復過程のくり返しから得られたパラメータは，厳密には最適であるとはいえないかもしれません．しかし，大抵の場合は，最適解

に十分に近似し，ある程度の精度を担保しているとみなすことができます．

　もっとも，この潜在的な「くぼみの問題」は，複雑なモデルに対してのみみられるものなので，回帰分析では心配する必要はありません．

6-4　回帰係数

　回帰の予測因子に最良のウェイトを与えることができれば，次に必要となるのはその解釈です．なお，回帰分析では，予測因子のウェイトを**回帰係数**とよび，予測因子を説明変数，もしくは予測変数とよびます（第1章1-2節参照）．

　予測因子のウェイトである回帰係数は，**ある予測因子が他の予測因子に比べて，どの程度強く結果に影響を与えているのか**，それを相対的に評価する尺度です．

　例えば，住宅の部屋数に加えて，床面積を住宅価格の予測に用いたとすると，部屋数の回帰係数は，無視できるほど小さくなるかもしれません．なぜなら，住宅の大きさを示す尺度という点では，部屋数と床面積はその概念が重複しているので，部屋数のもつ影響力の数値が，相対的に小さくなるからです．

　異なる単位で計測した予測因子も，回帰係数の解釈の妨げになります．例えば，センチメートルで計測された予測因子は，それをメートルで計測する場合と比べて，データポイントの数値としては100倍の大きさになります．しかし，係数の大きさは，センチメートルの場合のほうが，逆に100分の1の大きさになってしまいます．この問題を回避するには，回帰分析を試みる前に，予測因子となる説明変数の単位を**標準化**しなければなりません．すでに述べたように，標準化は，変数の数値を比率に換算することと似ています（第3章3-2節参照）．

　複数の予測因子が標準化されたとき，各予測因子に付加されるウェイトは**標準偏回帰係数**とよばれ，この係数によって，予測因子の相対的な影響力をより正確に比較することができます．

住宅価格の事例では，2つの変数「部屋数」と「近隣住民の富裕度」を予測因子として使用しており，これらの標準偏回帰係数は，著者たちの試算結果によると，それぞれ 2.7 と −6.3 となります．したがって，予測結果に対して両変数の相対的な影響力は，2.7 対 6.3 の比として示されます．これは，「部屋数」よりも「近隣住民の富裕度」が，住宅価格に対してより強く影響することを意味しています．なお，ここで試算した回帰モデルは，以下のようになります．

（住宅価格）＝ 2.7 ×（部屋数）− 6.3 ×（近隣住民の富裕度）

ただし，このモデルでは，「近隣住民の富裕度」の係数がマイナスになっていることに注意してください．「近隣住民の富裕度」は，住宅が立地する地域の住民の中で低所得者層が占める比率でした．つまり，係数がマイナスということは，低所得者層の比率が高い地域の住宅では，価格が安い傾向にあることを示しており，それは右下がりのトレンドを示した図 6.2 の散布図からも読み取ることができます．

6-5 相関係数

予測因子が 1 つだけの回帰モデルの場合，標準偏回帰係数は**相関係数**とよばれ，r で示されます．相関係数は，その数値が −1 から 1 の範囲をとり（次ページの図 6.6），次の 2 つの情報を与えます．

方　向

相関係数は，その数値がプラスのときは，予測因子が結果と同じ方向に動き，マイナスのときは，逆の方向に動きます．

例えば，住宅価格の事例では，予測因子が「部屋数」の場合にはプラスの相関，「近隣住民の富裕度」の場合にはマイナスの相関がありました．

強　さ

係数の数値が −1，もしくは 1 に近いほど，より強い相関関係が認められ，影響力の強い予測因子であるとみなされます．例えば，著者

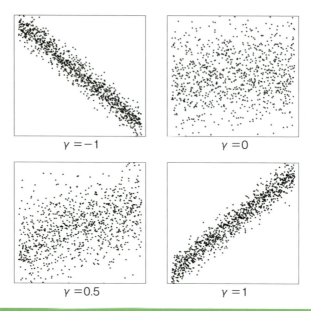

図 6.6　さまざまなデータのバラツキに対応した相関係数の事例

たちの試算結果によると，図 6.1 の場合の相関係数は 0.7 で，図 6.2 の b）の場合は − 0.8 となりますが，これは，「部屋数」の予測因子よりも「近隣住民の富裕度」のほうが，住宅価格の予測に対して強い影響力があることを意味します．

　なお，相関係数が 0 である場合は，結果と予測因子の間に関係がないことを意味します．

　相関係数は予測因子の絶対的な影響力の強さを示しているので，各予測因子の影響力について順位を調べるには，回帰係数よりも相関係数のほうが，より適切であるといえます．

6-6 利用上の注意点

　回帰分析は，有益で計算も迅速にできる手法ですが，欠点もいくつかあります．

外れ値に対する感度

　分析の対象となるデータポイントの中で，極端に大きな数値や小さな数値を外れ値とよびます．

　回帰分析では，すべてのデータポイントを等しく，計算の対象にしているので，外れ値が少しでも含まれていると，結果として，導き出される回帰直線の勾配を大きく変化させてしまうことがあります．

　外れ値が結果に与える影響を感度といいますが，回帰分析は，外れ値の影響を受けやすい，つまり感度が高い分析方法だといえます．

　このような外れ値の影響を防ぐもっとも簡単な方法は，分析の前に散布図をみて，外れ値があるかどうかを視覚的に確認することです．

予測因子相互の相関

　複数の予測因子の中に強い相関がある場合を，**多重共線性**といいます．この多重共線性が係数の解釈をゆがめてしまうなど，さまざまな問題を引き起こします．

　この問題を解決するには，相関のある2つの予測因子のうち1つを分析対象から排除するのがもっとも簡単ですが，変数を排除せずに分析を試みたい場合は，ラッソ回帰やリッジ回帰とよばれるより高度な手法を利用することもできます．

非線形のトレンド

　本章の事例では，散布図で確認したトレンドが直線（線形）でしたが，図6.2のa）のように，直線ではなく非線形な曲線の場合もあります．

　このような場合，そのまま回帰分析を試みてもよい結果が得られませんので，図6.2のb）のように，データポイントを対数に変換するか，あるいは，回帰分析ではなくサポートベクターマシン（第8章参照）のような，別のアルゴリズムを用いる必要があります．

因果関係との相違

　回帰分析で想定する予測因子と結果は，両者に相関関係があることを前提にしています．しかし相関関係は，必ずしも因果関係を意味す

第6章

回帰分析

るものではありません.

　例えば，犬を飼っている家は住宅価格も高い傾向があり，犬の所有と住宅価格にプラスの相関があったとしましょう．だからといって，犬を飼えば，その家の住宅価格は上がるといえるでしょうか．そんなことはありえませんね．むしろ，犬を飼えるような世帯は所得も高い傾向があり，そういう人たちは高い住宅を購入することができ，したがって，近隣住民が富裕層である住宅を購入する傾向があると解釈すべきでしょう.

　これらの注意点があるものの，回帰分析は使いやすく，また直感的にもわかりやすいため，予測の手法として広く利用されています．回帰分析で正確な結果を求めるには，結果をどのように解釈すべきか，この点に注意を払うことが重要でしょう.

6-7　本章のまとめ

- 回帰分析では，できる限り多くのデータポイントがもっとも近くに位置するような回帰直線を導き出します.
- 回帰直線は，複数の予測因子と**回帰係数**から定式化されます．また回帰係数は，それぞれの予測因子の結果に対する相対的な影響力の強さを示します.
- 回帰分析は，予測因子間に相関がなく，外れ値がなく，そしてデータポイントのトレンドが線形であるとき，もっともよい結果を与えます.

第7章
k近傍法と異常検知

7-1 食品鑑定

ワインを事例にして話を始めましょう．あなたは，赤と白のワインの違いについて，疑問を感じたことはないでしょうか．

単純に考えれば，赤ワインが赤いブドウから，白ワインが白いブドウからつくられているように思うはずです．しかしそれは，まったく事実ではありません．確かに，赤ワインは白いブドウからつくられることはありませんが，白ワインは赤いブドウからでもつくられるからです．

赤ワインと白ワインの決定的な相違点は，ブドウの熟成方法にあります．赤ワインは，ブドウ液にブドウの皮も含めて熟成させるので，独特な赤い色素が染み出て赤くなりますが，白ワインは，ブドウの皮を含めずブドウ液を熟成させるので，皮が赤いブドウを使っても赤色にはなりません．

このように，ワインの色は，その見た目から，誰でもブドウの皮の色が影響していると思うものですが，ワインの化学組成を調べれば，その違いがはっきりとわかります．これは，ワインを実際に見なくても，含まれている化合物の水準にもとづけば，ワインの色が推測できることを意味します．

そこで，k近傍法という，機械学習のもっとも単純な手法の1つを使ってこの仮説を検証してみましょう．

7-2 同じ羽の鳥は群れをなす

西洋の格言に，「同じ羽の鳥は群れをなす」というのがあります．同じことを，日本では，「類は友を呼ぶ」といいますね．

k近傍法（k-NN）は，これとよく似た考え方に立つパターン認識の

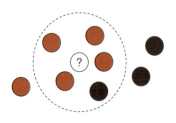

図 7.1　多数決によってデータポイントが分類される事例

1つで，近隣（近傍）のデータポイントを参照することで，各データポイントを分類するアルゴリズムです．例えば，図 7.1 のように，あるデータポイント（図の⑦）が 4 つの赤色の点と 1 つの黒色の点に囲まれていたならば，周囲に赤色の点が多いので，そのデータポイントを赤色の点として割り当てます．

　いわば多数決の原理で決定することから，このような割り当てを投票とよびます．また投票の際に，参照した赤色や黒色のデータポイントのグループをクラスとよびます．

　k 近傍法は，似た者どうしのデータポイントを分類するという点では，第 2 章で取り上げた k 平均法と目的が同じで名前も似ています．しかし，k 平均法が教師なし学習のアルゴリズムであるのに対して，k 近傍法は教師あり学習のアルゴリズムに相当します（第 1 章 1-2 節参照）．これは，図 7.1 のように，近傍点である赤色のデータポイントと黒色のデータポイントを，「教師の助言」として参照し，未知のデータポイントが属するクラスを判別するからです．

　k 近傍法の「k」は，多数決の投票に加わる最近傍点（データポイント）の数を指すパラメータを表しています．図 7.1 の事例では，円で囲まれた赤色と黒色の最近傍点が，データポイント「⑦」の色を決める投票に参加するので，k は 5 ということになります．したがって，適切な k を選択することは，パラメータチューニング（第 1 章 1-3 節参照）の 1 つの過程であり，予測の精度にとって重要な意味をもちます．

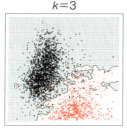  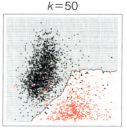

　　a）過学習のモデル　　　b）理想的なモデル　　　c）未学習のモデル

図7.2　kが異なる3つの場合の比較

※黒色の点が集中する領域は白ワイン，赤色の点が集中する領域は赤ワインであると予測される．

　図7.2は，さまざまな赤ワインと白ワインの化学組成を調べて，プロットした散布図です．kが図7.2のa）のように非常に小さい場合，データポイントは，すぐ近くの近傍点に一致しますが，これだと参照する近傍点が少ないため，ランダムなノイズに起因する誤差が大きくなります．逆に，kが図7.2のc）のように非常に大きい場合，データポイントは，遠く離れた近傍点も含めて適合しようとするため，明らかにしようとするパターンの意味があいまいになってしまいます．

　kが図7.2のb）のように適切な大きさであれば，データポイントは望ましい数の近傍点を参照するので，誤差が相殺されて，データにひそむ微妙なパターンを明らかにすることができます．

　もっともよく適合し，誤差が最小になるようなモデルを導き出すためには，パラメータkを交差検証（第1章1-4節参照）によって調整しなければなりません．なお，k近傍法は多数決の原理にしたがってデータポイントを分類するので，2つのグループに分類する際，kの数が偶数ですと，賛否同票となる問題が生じます．この問題は，kの数を奇数にすることで解決することができます．

　k近傍法は，データポイントの分類だけではなく，最近傍点の数値を集計することによって，連続値を予測することにも利用できます．こ

の場合，すべての近傍点を等しく扱う単純平均ではなく，加重平均をとることで予測値を改善することができます．

つまり，より近い近傍点の数値に対しては，それより離れた近傍点よりも大きい重みを付加することで予測値を改善することできるということです．

7-3　事例：ワインの不純物を取り去る

ワインの事例に戻って話を進めましょう．k近傍法を使えば，同じ化学組成をもつワインを近傍点とし，それらの色を調べることによって，実際に見なくても未知のワインの色を推測することができるはずです．具体例として，ポルトガルのヴィーニョ・ヴェルデという，

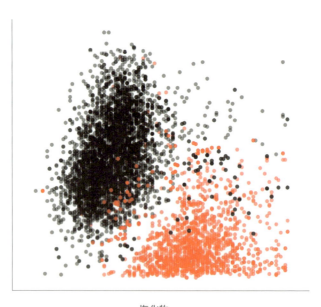

図7.3　赤ワインと白ワインにおける二酸化硫黄と塩化物の水準

※赤色の点が赤ワイン，黒色の点が白ワインを示している．

銘柄の赤と白のワインを取り上げてみましょう.

使用するデータは,塩化物と二酸化硫黄(亜硫酸ガス)の2つの化合物の含有量で,標本の大きさは,赤ワインが1599,白ワインが4898です.図7.3では,これらのデータポイントが散布図で示されています.

ブドウの皮には,塩化ナトリウム(食塩)のようなミネラル分が高濃度で含まれているので,赤ワインにはこれらの成分が多く注入されていることに注意してください.また,ブドウの皮には,新鮮さを保つ効果のある天然の抗酸化剤も含まれていますが,そのような成分を含まない白ワインは,赤ワインに比べて防腐剤としてより大量の二酸化硫黄が含まれています.こうした理由により,図7.3では,右側下部に赤ワインのクラスターが,左側上部に白ワインのクラスターが形成されています.

そこで,含まれる塩化物と二酸化硫黄の水準から未知のワインの色を特定するには,2つの化合物の含有量が同じ水準にある近傍点のワインの色を参照すればよいはずです.そうすることで,図7.2のように,赤ワインと白ワインを区別する境界線を引くことができます.また,図7.2のb)の理想的なモデルを使えば,98%以上の精度でワインの色を予測することもできるようになります.

7-4 異常検知

k近傍法は,グループの分類やデータポイントの数値を予測するためだけに使われる手法ではありません.例えば,通常では想定できないような極端な異常値(外れ値)を識別するときにも用いられます.さらに,異常値を識別する過程で,以前に見過ごしていた予測因子を再発見することも可能となります.

異常検知は,データが視覚化されている場合ですと,もっとも簡単に試みることができます.例えば,図7.3をみると,赤ワインや白ワインのクラスターから外れたデータポイントを視覚的に確認すること

ができ，これらを異常値とみなすことができます．しかし，いつも2次元の散布図でデータを視覚化できるとは限りません．とくに，調べたい予測因子が2つ以上の場合は視覚化が難しく，ここに，k近傍法のような予測モデルの必要性があるのです．

　k近傍法ではデータに潜在するパターンを利用して予測を行うので，予測誤差は，すべてのデータポイントが1つのトレンドにしたがっているわけではないことを暗示する指標であるとみなされます．そこで，この予測誤差を異常検知の方法として活用するのです．これは，あらゆる予測モデルのアルゴリズムが異常検知の方法として利用できることを意味します．例えば，回帰分析（第6章参照）では，回帰直線から大きくかけ離れたデータポイントを，異常値として識別することができます．

　ワインのデータについていえば，異常値（ワインの色をまちがえて分類した場合）の検討を通じて，新たな改善点を見つけ出すこともできます．例えば，誤って白ワインと分類された赤ワインが，通常以上の二酸化硫黄を含んでいたとすれば，それは，酸度が低いために多くの防腐剤を必要とした結果から生じた誤りだったのかもしれません．この場合，予測を改善するために，ワインの酸度を分析の対象にしてもよいでしょう．

　このように，異常値が予測因子の欠落に起因しているのであれば，それは，有効な予測モデルを「訓練」するために必要なデータが不足していることに起因しているのかもしれません．利用できるデータポイントが少ないときは，データにひそむパターンを見分けることが難しくなります．やはり，モデルをつくるには，十分な大きさの標本（訓練データ）を確保することが重要です．

　なお，異常値が識別された場合は，予測モデルを「訓練」する前に，直ちにそれらをデータセットから削除しましょう．これはデータのノイズを減少させ，モデルの精度を高めることになります．

7-5 利用上の注意点

　k近傍法は，シンプルで有効な手法ですが，その機能が十分作用しない場合もあります．

不均衡なクラス

　予測の対象となるクラス（グループ）が数多くあり，さらに，クラスの大きさ（クラスに含まれるデータポイントの数）がかなり異なっている場合，もっとも小さなクラスに属するデータポイントが大きなクラスの陰に隠れ，誤った分類を行うリスクが高くなります．このようなリスクを回避するには，データポイントのクラスを決めるときに，単純な多数決ではなく，近傍点の投票にウェイトを付ける方法を用います．

　ここで「投票にウェイトを付ける」というのは，近傍点の近さにもとづき，より近い近傍点には大きなウェイトを，より離れた近傍点には小さなウェイトを付けて投票するということです．単純な多数決の場合は，そのウェイトが近傍点の距離に関係なく等しくなり，これによって，より近い近傍点のクラスにデータポイントを分類できる可能性が高くなります．

過剰な予測因子

　対象とする予測因子があまりに多いときは，それらの予測因子をすべて座標軸とした多次元の空間の中で最近傍点を識別し処理しなければならないので，膨大な計算を必要とします．

　それにもかかわらず，その中には不必要かつ予測の精度の改善を見込めない予測因子がいくつか含まれています．

　この問題を解決するには，分析のためにもっとも有力な予測因子を次元削減（第3章参照）によって抽出するのがよいでしょう．

7-6 本章のまとめ

- k近傍法は，近傍するデータポイントのクラスを参照することによって，未知のデータポイントが属するクラスを判別する手法です．

- k近傍法の「k」は，参照するデータポイントの数を指し，交差検証によって決定されます．

- k近傍法がもっともよく機能するのは，予測因子が少なく，クラスの大きさがほぼ同じである場合です．しかし，不正確な分類であっても，異常値が潜在していることを警告することに役立てることができます．

第8章
サポートベクターマシン

8-1 「病気」なのか「病気でない」のか？

　病気の診断は複雑で難しいものです．患者に複数の症状が現れているようなときは，医者の主観的な判断が診断結果に大きく影響するかもしれません．ときには，かなり時間が経ってから，ようやく正しい診断がなされることもあるでしょう．このような場合に力を発揮するのが，診断方法のシステム化です．つまり，膨大な医学データを使って「訓練」されたアルゴリズムから正確な予測を行い，それを医者が最終的な診断を行うための情報として活用することです．

　本章ではこのような予測を行うためのアルゴリズムとして，サポートベクターマシン（SVM）を取り上げます．サポートベクターマシンは，対象を2つのグループに分離する手法です．つまり，病気なのか／病気でないのか，健康なのか／健康でないのか，といったような2つの特徴に，診察を受けた人をグループ分けし，両グループに最適な境界線を引くという手法です．

8-2 事例：心臓病を予測する

　心臓病は先進国でよくみられる病気です．この病気は，心血管の狭窄や梗塞が原因となり，罹患すると，心臓麻痺のリスクが高くなります．病状は，画像診断を実施すれば確実に診断できますが，費用が高額であるため，簡単に実施できるものではありません．かわりとして，生理的な症状にもとづいて心臓病のリスクが高い受診者を調べる方法があります．

　これは，通常の精密検査で済み，費用も高額ではないので，気軽に実施することができます．問題は，心臓病のリスクが高い受診者とそうでない受診者をどのように判別したらよいかということです．そこ

で登場するのがサポートベクターマシンです．

　この事例の場合，サポートベクターマシンは，画像診断の結果と精密検査のデータを使って，モデルを「訓練」していきます．例えば，心臓病の疑いのある受診者に運動してもらい，運動時の最大心拍数などを記録します．続いて予測モデルをつくるため，画像診断を行い心臓病の有無を確定します．このようにして準備した受診者の年齢や最大心拍数のデータにもとづいて，サポートベクターマシンの予測モデルを導き出します．

　図8.1は，あるアメリカの診療所で実際にこのようなデータを集め，その結果を図に示したものです．この予測モデルの結果と画像診断で確定された結果を照合したところ，心臓病の有無を75％以上の精度で

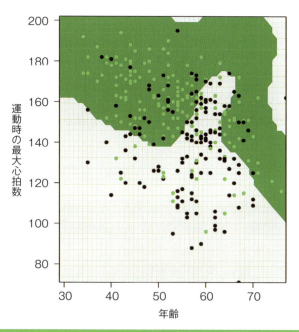

図8.1　心臓病の有無を予測するサポートベクターマシンの事例

※緑の部分が健康な成人のグループ，グレーの部分が心臓病の患者のグループを示している．また緑の点は健康な成人，黒の点は心臓病の患者を示している．

予測することができました.

図 8.1 から年齢別に運動時の心拍数を比べてみると,一般に,心臓病の患者(黒の点)は,健康な成人(緑の点)よりも心拍数が低いことがわかります.また,心臓病の患者は,55 歳以上になると多くなることも読み取れます.

ところで,心拍数は,年齢の上昇とともに下落するものですが,図 8.1 をみると,60 歳前後の心臓病の患者は,若くて健康な成人の心拍数とほぼ同じくらいに高いことが示されており,描かれている境界線が,この年齢で突然,上方に変化しています.この境界線は,サポートベクターマシンによって引かれたものですが,別のアルゴリズムを用いていれば,そのような傾向は見過ごされるところでした.

8-3　最適な境界線を引く

サポートベクターマシンの主な目的は,異なる 2 つのグループを分離し,グループ間に境界線を引くことです.しかし,これは簡単なことではありません.というのは,図 8.2 に示すように,境界線の引き方には,数多くの可能性があるからです.

一般に,最適な境界線を見つけるには,まず,異なるグループの点

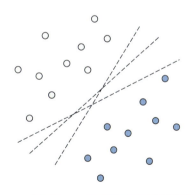

図 8.2　2 つのグループを分離するさまざまな境界線

にもっとも近い境界線周辺のデータポイントを識別する必要があります．図 8.3 のように，これらが識別できれば，グループの周辺にあるデータポイントの真ん中に境界線を引くことで，最適な境界線が求められます．周辺のデータポイントが最適な境界線の発見をサポートするという意味から，このアルゴリズムは，「サポートベクター」とよばれるわけです．

　しかしながら，周辺のデータポイントに左右されるこの方法は，そのことゆえに，境界線の決定について，1つの欠点もあります．それは，サポートベクターの位置に対して引かれた境界線の感度が高いということです．ここで「感度」というのは，外れ値などの極端な数値が結果に与える影響を指す統計学の用語で，外れ値などが多少あっても結果に大きな変化がない場合（感度が低い場合）を，頑健（ロバス

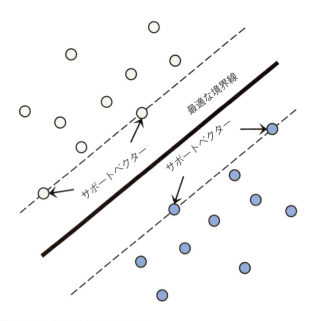

図 8.3　周辺のデータポイントの真ん中に位置する最適な境界線

ト）であるといいます.

　感度が高いというのは，データポイントの位置次第で最適な境界線が大きく変化する可能性があるということであり，このアプローチが頑健ではないことを意味します．具体的にいえば，図8.2や図8.3では，グループを2つに分けるデータポイントが明確に示されていますが，このようなことは，実際の応用ではまれにしか起こらないということです．それは，実際のデータを扱った図8.1をみれば明らかです．緑の点と黒の点が異なるグループに点在して重なっていますね.

　この問題を解決するために，サポートベクターマシンには，「緩衝地帯」を設けて境界線を引く方法があります．そもそも，サポートベクターマシンは，すべてのデータポイントが正しく分類されることを前提としていますが，この「緩衝地帯」を設ける方法では，ペナルティ（第1章1-3節参照）の付与を条件に，一定数の訓練データを誤ったグループにおくことが許容されます．このようなサポートベクターマシンのアルゴリズムを，**ソフトマージン**とよびます．ソフトマージンを適用すると，外れ値に対して頑健で「ソフト」な境界線が得られ，新しいデータに対しても一般化できることになります.

　さて，この「緩衝地帯」は，**コストパラメータ**の調整によって設定されます．ここで，コストパラメータとは，分類に対する誤差の許容度を示す指標であり，この数値が大きいときは許容度の水準も大きく，結果として，「緩衝地帯」もより広くなります．したがって現在の訓練データに対しても，あるいは将来のテストデータに対しても，モデルから精度の高い予測を行うには，交差検証（第1章1-4節参照）を通じてコストパラメータの最良な数値を決めるとよいでしょう.

　しかし，サポートベクターマシンの威力はこれだけではありません．例えば，境界線が非線形な曲線についても対応することができます．もちろんそれは，他のアルゴリズムでも可能なのですが，サポートベクターマシンでは，**カーネルトリック**とよばれる方法を使って，複雑に湾曲したパターンを導き出すことができ，この優れた計算効率がサ

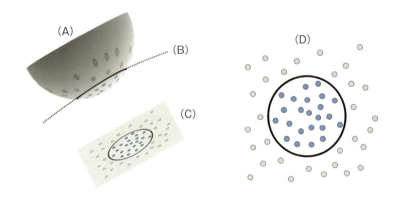

図8.4　カーネルトリックによる曲がった境界線の導出

ポートベクターマシンの大きな魅力になっています．

　サポートベクターマシンでは，曲がった境界線をデータの上に直接引くのではなく，**射影**という数学の概念を用いて境界線を引きます．図8.4を用いて具体的に説明しましょう．

　この図では，データポイントが，(A)のように椀形の3次元空間に分布しています．そこに，異なるデータポイントを分類するため，境界線(B)を水平に引きます．そうすると，この3次元空間は，ちょうどこの椀形を輪切りにしたように，(B)の上部に分布するデータポイントと，下部に分布するデータポイントに分離できます．

　そのうえで，3次元空間に分布するデータポイントと境界線の位置を，(C)のように2次元空間に描画（射影）します．これは，(A)の真上から，データポイントと境界線を写した画像を想像すればわかりやすいかもしれません．その画像を真正面から示したのが(D)です．

　カーネルトリックを用いたサポートベクターマシンでは，このようにして曲がった境界線を引きます．

　ここでは3次元（3変数）のデータを使いましたが，より高次元のデータも巧みに処理することができるので，サポートベクターマシン

は，多変数のデータ解析法の中でも評価の高い手法の1つであるといえます．なお，このアルゴリズムは，本章で例示した病気の診断以外にも，遺伝情報の解読を目的とするゲノム解析や，顧客などの感情を分析するテキストマイニングのセンチメント分析などに応用されています．

8-4 利用上の注意点

サポートベクターマシンは，多様な目的に対して迅速な予測を与えることができる優れた手法ですが，応用する状況によっては，その機能を十分に発揮できない場合もあります．

データセットが小さい場合

サポートベクターマシンは，周辺のデータポイントにもとづいて境界線を決めるので，標本が少ないときは，境界線の位置を決める周辺のデータポイントが少なくなり，その結果，境界線の精度も低くなります．

3つ以上のグループがある場合

サポートベクターマシンは，一度に2つのグループへ分類するのが基本です．したがって，3つ以上のグループに分類するには，それぞれのグループを他のグループと区別するために，**多クラス分類**とよばれるアルゴリズムを使って，サポートベクターマシンの計算をくり返す必要があります．

グループが大きく重なっている場合

サポートベクターマシンは，引かれた境界線にもとづいて，データポイントがどちらに入るべきかを決める手法です．しかし，図8.1でみたように，緑のグループに黒のデータポイントが含まれていたり，グレーのグループに緑のデータポイントが含まれていたりするなど，異なるグループのデータポイントが重なり合う場合があります．この重なり具合が大きいと，境界線に近いデータポイントは，誤って分類される可能性が高くなるのですが，サポートベクターマシンでは，この

ような誤分類の確率を追加情報として示すことができません.

　しかし，データポイントと境界線の距離から，分類精度の尤度（もっともらしさ）を計算することはできるので，それを使って改善を図ることは可能です．なお，尤度とは，確率と似た統計学の概念で，パラメータの「もっともらしさ」を評価する尺度です.

8-5　本章のまとめ

- サポートベクターマシンは，最適な境界線を引くことによって，データポイントを 2 つのグループに分類する手法です．この最適な境界線は，異なるグループの点にもっとも近い境界線周辺のデータポイント（**サポートベクター**）を識別し，これらの真ん中に引くことです.

- サポートベクターマシンは，「緩衝地帯」を設けるため，外れ値の影響を抑えることができます．この「緩衝地帯」では，誤分類されたデータポイントが一定数許容されます.
  また**カーネルトリック**というアルゴリズムを使えば，非線形な曲線の境界線も効率よく引くこともできます.

- サポートベクターマシンは，標本の大きさが十分大きければ，データポイントの集合を 2 分割するのに最適な手法であるといえます.

第9章
決定木

9-1 災害時の生存者を予測する

災害時に集団で被災したとき，まず救助されるのは子どもや女性です．したがって，子どもや女性が災害時に生存できるチャンス（生存率）は高いといえるでしょう．

本章で取り上げる**決定木**という手法を使えば，このようなグループの生存率を予測することができます．

決定木では，図9.1のように，選択肢が2つに限定された2項目選択式の質問（「はい」か「いいえ」など）を使って，生存率を予測します．

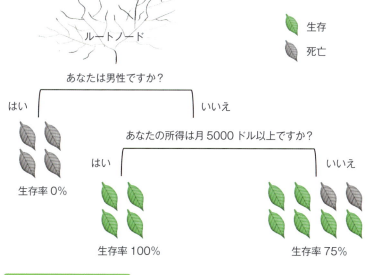

図9.1　決定木の事例

まず，ルートノード（根ノード）とよばれるトップの質問から始めて，リーフノード（葉ノード）にいたるまで，回答者の答えに応じて，枝を移動させていきます．最後に，リーフノードに到達すると，その回答者の生存率を予測することができます．

9-2 事例：タイタニック号から避難する

悲劇のクルーズ客船「タイタニック号」の乗客データを使って，決定木による生存率の推定を例証してみましょう．データは，イギリス商務院（現在の運輸省などの前身）が編集したもので，これを使えば，生存できた乗客グループの特徴を調べることができます．

図 9.2 には，データ解析の結果にもとづき，乗客の特徴別に生存率を予測した決定木が示されていますが，この決定木からはっきりわかることは，もし，あなたが男性の子どもか，あるいは女性であり，そ

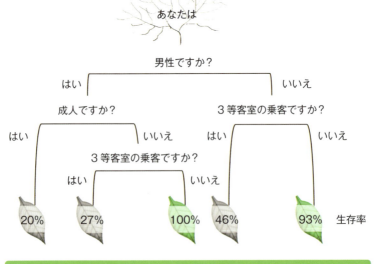

図 9.2　タイタニック号の沈没で生き残りうる生存率を予測した決定木

して，3等客室の乗客でなければ，タイタニック号の沈没から救出された可能性が非常に高いということです．

　決定木は，多方面にわたって広く応用されている手法です．例えば，重篤な病気にかかった人の生存率の予測，離職の可能性が高い社員の識別，不正取引の発見など，実にさまざまな分野で，さまざまな目的のために用いられています．

　また，決定木は，「はい（ある）」か「いいえ（ない）」のような質問だけではなく，カテゴリー分類の質問（「男性」か「女性」など）や，連続値の質問（「所得」など）も扱うことができます．なお，連続値については，例えば，「平均以上かそれ以下か」というような，2つのグループに分ける質問に変更する必要があります．

　標準的な決定木では，各枝の質問に対して，「はい」か「いいえ」といったような2項目の答えがあります．それより多い選択肢（例え

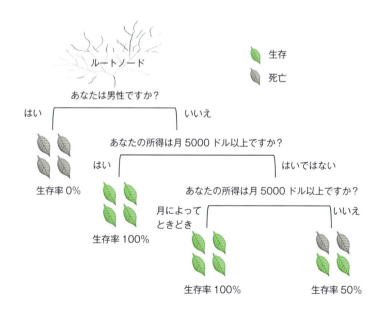

図9.3　3つ以上の選択肢をもつ決定木

ば「はい」「いいえ」「ときどき」など）については，図9.3のように，単純に木の下方部に枝を追加すればよいでしょう．

このように，決定木は解釈が簡単であるため，よく用いられる手法ですが，問題はそのつくり方です．

9-3 決定木をつくる

1本の決定木は，まず，すべてのデータポイントを2つに分割することから生長を始めます．すなわち，図9.4で示されているように，似た者どうしのデータポイントを1つのグループにまとめ，分類されたグループ内でさらにこの過程をくり返していきます．

その結果，最終的には数は少ないけれども，より同質のデータポイントからなるリーフノードに到達します．つまり，決定木をつくる基本は，同じ枝方向に進むデータポイントをお互いに類似させることです．

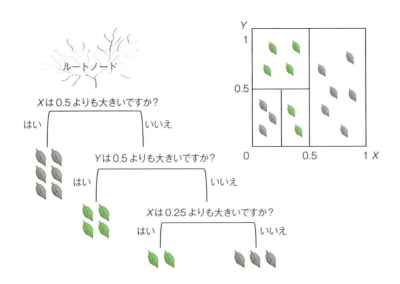

図9.4　決定木の分割を示した事例

同質なグループを得るために，このようなデータの分割をくり返し行う過程を**再帰分割**とよびます．再帰分割には，次の 2 つのステップがあります．

ステップ 1 ･･･

　データポイントを 2 分割して同質なグループとしてまとめるために，もっとも適当な 2 項目選択式の質問を作成します．

ステップ 2 ･･･

　リーフノードに到達するため，**ステップ 1** を終了する基準点までくり返します．

　このくり返しを終了する基準点については，さまざまな水準を設定することが可能なのですが，交差検証（第 1 章 1-4 節参照）によって基準を選択するとよいでしょう．例えば，次のような基準が考えられます．

- 各リーフのデータポイントが，すべて同じカテゴリー，または，同じ数値になったら終了．
- リーフに含まれるデータポイントが，5 未満であるとき終了．
- これ以上分枝しても，グループの同質性を改善することができなくなったら終了．

　再帰分割では，もっぱら決定木の生長を目的として，最良な 2 項目選択の質問を使用するので，意味のない変数が結果に影響を及ぼすようなことはありません．また，連続値を 2 項目選択式の質問に変更する場合は，ほぼデータポイントの中央値付近で分割される傾向があるので，結果として，決定木は外れ値に強い頑健な手法となります．

第 9 章

決定木

9-4 利用上の注意点

決定木には解釈が容易である一方，欠点もいくつかあります．

不安定性

決定木は，データを同質的な集団に分割しながら生長していくので，データにわずかばかりの変化が生じても，それが分割に対しても累積的に変化を及ぼし，結果として異なった枝葉の木をつくってしまうことがあります．

また，決定木は，データを毎回最良な方法で分割するのが目的なので，過学習（第1章1-3節参照）に対しては脆弱なモデルであるといえます．つまり，訓練データではよい予測を行えても，テストデータではそれが難しいモデルになる傾向があるということです．

不正確

開始時に，最良な2項目選択式の質問を使用しても，結果として，精度の高い予測を行うことができるとは限りません．逆に，効果的とはいえない分割が開始時になされたとしても，結果としてよい予測が行えることもあります．

このような問題を克服するには，毎回最良な分割を目指すのではなく，多様な枝葉の木を生長させることです．そして，異なる決定木から得られた予測を最後に組み合わせれば，一定の安定性と精度をもった結果が得られることでしょう．

多様な決定木をつくる方法には2つあります．

- 第1の方法は，複数の決定木を生長させるために，異なる2項目選択式質問をランダムに組み合わせ，これらの決定木による予測を集約することです．この手法は，**ランダムフォレスト**（第10章参照）として知られています．

- 第2の方法は，後に続く木の予測精度が徐々に向上するように，質問を戦略的に選出することです．この手法は，**勾配ブースティング**とよばれています．

ただし，ランダムフォレストや勾配ブースティングのアプローチは，より精度の高い予測値を与えることができますが，その複雑さゆえに，結果にいたる過程を理解するのが難しく，いわば，ブラックボックスのようなものとして扱われることが多いようです．

決定木がいまだに人気の高いアルゴリズムであるのはこの点にあります．

つまり，決定木は，視覚的にわかりやすく，予測因子やその相互作用がよりシンプルに評価できるよさが評価されています．

9-5 本章のまとめ

- 決定木は，2項目選択式質問を使って予測を行います．
- 決定木によって，標本データは，同質的なグループにくり返し分割されます．その分割過程は再帰分割とよばれ，一定の基準に達するまで反復されます．
- 決定木の利用や理解は容易で便利なのですが，この手法には過学習が発生しやすく，矛盾の多い結果になる傾向があるという欠点があります．このような傾向を最小化するには，決定木のかわりに次章で解説する**ランダムフォレスト**という手法を用いるとよいでしょう．

第9章

決定木

MEMO

第10章
ランダムフォレスト

10-1 群衆の知恵 − みんなの意見は案外正しい −

　「誤りはいくら重ねても正しくならない」という格言があるそうですが，これは本当でしょうか．実は，データサイエンスの世界では，そうともいえないことがあるのです．

　直観に反することではありますが，誤りを重ねていくと，最良な予測モデルを導き出す可能性があります．可能性だけではなく，最良なモデルを導き出すことさえ期待できます．これは，誤った予測が数々ある中で，正しい予測は，ただ1つしかないという事実にもとづいて引き起こされます．つまり，異なった長所と短所をもつモデルを組み合わせることによって，誤った予測をするモデルが取り除かれる一方，正確な予測を生み出すモデルは，お互いの予測を強化していくのです．予測の精度を改善するためにこのようにモデルを組み合わせる方法が**アンサンブル学習**のアルゴリズムです．

　アンサンブル学習とは，いわば「弱い（悪い）アルゴリズム」を組み合わせていく中で「強い（よい）アルゴリズム」に改善していく方法で，まさに「群衆の知恵」によってモデルを改善していく方法です．なお，アンサンブル学習では，予測の改善に用いられるさまざまなモデルを学習器とよび，その集まりであるアンサンブルを組み合わせて最良のモデルを求めていくことになります．そこで本章では，その1つである**ランダムフォレスト**を取り上げ，アンサンブル学習の有効性をみていくことにしましょう．

　ランダムフォレストとは，決定木（第9章参照）に関するアンサンブル学習のアルゴリズムであり，多数の決定木を集めたものであるといえます．本章では，このアルゴリズムが木の構成に対して，いかに優れているかを示すために，アメリカのサンフランシスコ市における

犯罪データを用いて実証しています．具体的には，まずこの犯罪データから1000本の決定木を作成し，この都市における犯罪予測を行います．次いで，これらの犯罪予測の精度を1000本の決定木から生長させたランダムフォレストの予測精度と比較し，ランダムフォレストのアルゴリズムの有効性を確かめます．

10-2 事例：犯罪を予測する

サンフランシスコ市警察が提供しているオープンデータから，犯罪に関する情報を得ることができるので，ここでは2014年から2016年にサンフランシスコで発生した犯罪の場所，日時，犯罪深度（犯罪のひどさ）の情報を使用することにします．

なお，犯罪は比較的暖かい日に発生する傾向があるという研究もあるので，犯罪データに加えて，当該期間における気温と降水量の記録もデータとして使用します．

分析に先立ち，1つの仮定をおきます．それは，予算や人手の点から，犯罪が起こりうるすべての地域について，警察が特別警戒パトロールを行うことは不可能であるという仮定です．この仮定にもとづいて，危険な犯罪の発生確率が高い上位30の地域を特定するために予測モデルを作成します．おそらくこれらの地域では，特別警戒パトロールが優先して行う必要があると予測されるはずです．

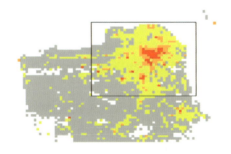

図10.1　犯罪件数を表示したサンフランシスコのヒートマップ

予備的分析にもとづくと，サンフランシスコで主に犯罪が多発するのは，同市の北東部で，図10.1の四角で囲まれている地域であることがわかっています．そこでこの地域を，さらに900フィート×700フィート（274メートル×213メートル）に分割して詳細な分析を試みます．

　まずは，決定木を組み合わせる前に，いつ，どこで犯罪が発生するのかを予測するため，犯罪データと気象データを使って1000本の決定木をつくります．そのうえで，2014年から2015年のデータを使って，ランダムフォレストで得られた予測モデルを訓練し，モデルの精度を2016年（1月から8月まで）のデータでテストします．

　その結果，犯罪をどれだけうまく予測できたでしょうか．

　著者たちが作成したランダムフォレストモデルでは，すべての暴力犯罪の72%（約3分の2）が正しく予測されました．これは1000本の決定木から得られた予測精度の平均値67%を上回り，ランダムフォレストのモデルが優れていることを証明しています（図10.2）．

　図10.2をみると，1000本の決定木のうち，たった12本しかランダムフォレストの精度を上回っていません．この結果からすると，

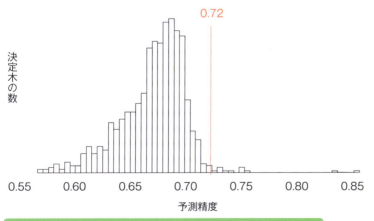

図10.2　1000本の決定木の予測精度に関するヒストグラム

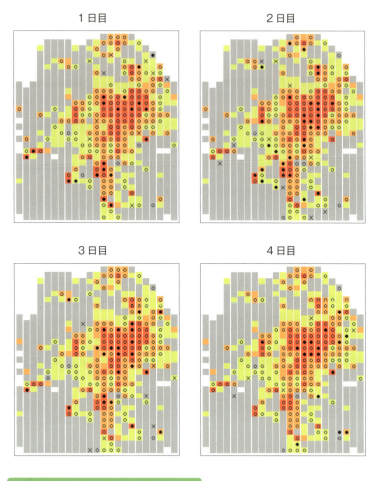

図10.3　連続した4日間の犯罪予測

※ 2016年のデータからの標本．図中の○は，暴力犯罪が発生すると予測された地域，●は，暴力犯罪の発生が正しく予測された地域，×は予測されなかったが実際に暴力犯罪が発生した地域を示している．

ランダムフォレストによる予測は，個別の決定木の予測に比べてより高い精度の予測を導き出すことができ，予測の確からしさは約99％にもなります．

　図10.3は，4日間のランダムフォレストによる予測を図で示しています．この予測にもとづけば，警察は，人手を赤でマークされた地域により多く投入すべきで，反対にグレーでマークされた地域は少なくて済むはずです．確かに，歴史的に犯罪が多発する地域で念入りなパトロールが必要となるのは当然ですが，モデルを使えば，さらにその地域の中でも，赤以外の地域では犯罪発生の可能性が低く，過剰なパトロールが不要であることを正確に指摘することができます．例えば，図10.3のグレーの地域についてみてみると，過去3日間は暴力的な犯罪が発生していなかったにもかかわらず，第4日目に起きた犯罪が正しく予測されています（第4日目の右下にある●の地域）．

　ランダムフォレストモデルでは，予測だけではなく，どの変数が予

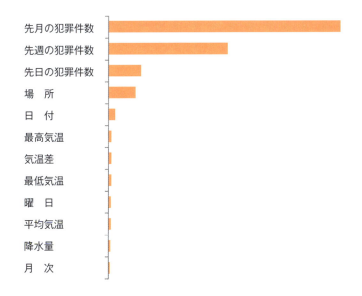

図10.4　ランダムフォレストの予測精度に影響している変数

測精度にもっとも影響しているかを確認することもできます．図10.4 をみると，発生件数，場所，日付，その日の気温を用いれば，犯罪についてもっともよい予測が行えそうなことがわかります．

ここまでは，ランダムフォレストが犯罪のような複雑な現象を予測するうえで，いかに有効であるかをみてきました．問題は，それをどのようにして行うかです．

10-3 アンサンブル学習

ランダムフォレストは，決定木の**アンサンブル**です．くり返しになりますが，アンサンブルとは，異なるモデルの予測を組み合わせてつくられたモデルで，具体的には，多数決をとったり，平均をとったりしてつくられます．また，このようにしてアンサンブルをつくる方法をアンサンブル学習とよびます．そこで本章では，多数決によるアンサンブルのつくり方を解説します．

図10.5 には，多数決でアンサンブルをつくる方法が示されています．それぞれのモデルには，青のセルと赤のセルが合わせて10個含まれていて，正しい予測は青のセルが10個であるとします．

多数決では，それぞれのセルごとに，モデル1からモデル3の投票によってアンサンブルのセルが決定されます．例えば，第1番目のセルをみると，3つのモデルともすべて青なので，アンサンブルの第1

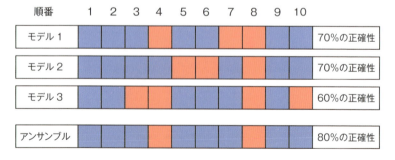

図10.5　3つのモデルからアンサンブルをつくる事例

番目のセルも青であると決定されます．一方，4番目のセルをみると，モデル1と3が赤のセル，モデル2が青のセルであるため，2対1の多数決でアンサンブルの第4番目のセルは赤であると決定されます．

以上のような過程を経て，最終的に得られたアンサンブルの予測精度は，投票に使用した3つのモデルよりも高くなっています．これは，それぞれのモデルが，お互いに誤差を排除し合う一方で，正確な予測が行えるようお互いに強化し合っているからです．

しかし，この効果が適切に作用するには，アンサンブルに参加するモデルが，同じタイプの誤差を発生させていないことが条件になります．いいかえれば，モデルどうし（モデルから生じる予測誤差）は，無相関でなければならないということです．そこで問題となるのは，システム化された方法で無相関な決定木をつくる方法ですが，これには次に解説するブートストラップ集約とよばれる手法を用いるとよいでしょう．

10-4 ブートストラップ集約−バギング−

9章で述べたように，1本の決定木をつくるには，もっともよい変数の組み合わせにしたがいながら，それを構成している部分木にデータセットをくり返し分割していかなければなりません．しかしながら，決定木は過学習になる傾向があるので，よい変数の組み合わせを見つけることはそう簡単ではありません．このことは，第1章1-3節でも説明しました．

また，変数のランダムな組み合わせと決定木における順位を用いて複数の決定木をつくり，これらの結果を集約してランダムフォレストをつくることで，この問題を解決することができることもすでに述べたとおりです．その際に必要となる無相関の決定木については，**ブートストラップ集約**という手法を用いてつくります．

バギングと略称されるこの手法を用いれば，お互いに異なる無相関の決定木を，適切かつ大量につくることができます．具体的には，訓

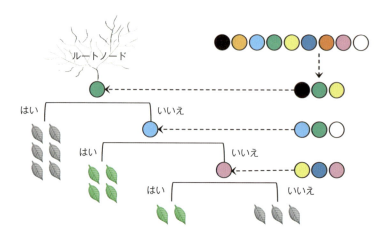

図10.6　ブートストラップ集約による決定木の作成

練データに含まれる予測変数の中から，ランダムに抽出された変数を用いて，決定木間の相関が最小になるよう各決定木をつくります．そうすることによって，お互いに異なってはいますが，一定の予測精度をもつ決定木を育てることができます．

　図10.6は，決定木における各分割で，選択可能な予測変数がどのように限定されていくかを示しています．この図の右上部には，違う色の○で示された予測変数が9つ示されています．そこから，まず予測変数の部分集合がランダムに選出され，その中から，各分割時に最適な予測変数が選択されます．例えば，最初のルートノードの設問となる予測変数では，まず，9つの予測変数からランダムに黒，緑，黄の変数が抽出され，次に，最適なルートノードの設問として緑の変数が選択されています．

　このように，選択可能な変数を各分割段階で限定していくことによって，過学習ではない，しかし異なった決定木を作成することができます．また，過学習の可能性をより低くしたいのであれば，ランダムフォレストで使用する決定木の数をさらに増やすことです．そうす

れば，モデルもより一般化され，予測精度も高くなることでしょう.

10-5 利用上の注意点

　完全なモデルというものは存在しません．ランダムフォレストモデルを使用するかどうかは，以下で説明するように，予測力と解釈の可能性の間の相反関係を選択する問題に帰着します.

　ランダムフォレストモデルは，結論にいたる過程の**解釈が不可能**です．なぜなら，ランダムにつくられた決定木を含んでおり，それは，明確な予測ルールによって導き出されたものではなく，一種のブラックボックスのようなものであるからです．このため，1つのランダムフォレストモデルがどのようにしてその結果にいたったのか，これを正確に知ることはできません.

　本章で扱った事例でいえば，ある犯罪がある特定の場所と時間に発生するという予測を，使用した大多数の決定木が同一の結果になるような場合は別として，どのような過程を経て得られたのかを正確に知ることができないわけです．しかし，いかにして予測ができたのか，この点に対する明確さが欠如していると，例えば病気の診断などにこの手法が用いられたときに，倫理的な問題を引き起こすことがあるかもしれません.

　それにもかかわらず，ランダムフォレストは簡単に実用できることから，広く活用されています．とくに，結果の解釈よりも結果の精度が重要な意味をもつような場合は，効果的であるといえるでしょう.

第10章

ランダムフォレスト

10-6 本章のまとめ

- ランダムフォレストは，**アンサンブル学習**と**ブートストラップ集約**という 2 つの手法を活用するため，しばしば，決定木よりもよい予測精度を与えることがあります．

- ブートストラップ集約を使うと，データの分割過程で，ランダムに変数を限定していくことによって，相関のない決定木をつくり出していくことができます．また，これらの決定木による予測を組み合わせることもできます．

- ランダムフォレストによる結果が生じた理由を解釈することはできませんが，予測精度に対する影響の大きさに応じて，予測変数の順位を付けることはできます．

第11章
ニューラルネットワーク

11-1 脳をつくる

図 11.1 を見てください．これは何だと思いますか？

図 11.1 これは何？

太って奇妙な体形をしていますが，これがキリンであることは誰の目にも明らかなはずです．人間の頭脳はネットワークで結ばれた約 800 億の神経細胞（ニューロン）から構成されています．私たちは，この優れた頭脳によって，図 11.1 の画像が以前に見たことのあるキリンとは違っていても，それがキリンであることをたやすく認識することができます．

このとき，神経細胞は，入力信号（例えば図 11.1 のような画像）を，出力ラベル（例えば「キリン」というラベル）に変換させますが，そのしくみに着想を得て，**ニューラルネットワーク**とよばれる手法が考案されました．

ニューラルネットワークの技術は，現在のコンピュータによる自動的な画像認識の基本となっており，スピードと正確さの点で，人間よ

りも優れていることはよく知られています.

最近,ニューラルネットワークが脚光を浴びている理由は,主に次の3つにあると考えられます.

● **データストレージとデータシェアリングの向上**

ニューラルネットワークを訓練し,その性能を改良するには,大規模なデータが必要となります.このため,データのストレージ(保存)とシェアリング(共有)の技術革新は,ニューラルネットワークの発展に大きく寄与しています.

● **コンピュータの計算力の上昇**

グラフィックス処理装置(GPU)は,中央処理装置の150倍以上の速さで稼動しますが,当初は,主に画像を高画質で表示するためだけに用いられてきました.しかし,ニューラルネットワークを大規模データで訓練するためにも,応用できることがわかってきました.

● **アルゴリズムの強化**

人間の脳の働きを機械で対応させることはいまだに難しいことではありますが,優れたアルゴリズムが開発されてきており,これらのいくつかは本章でも取り上げます.

自動的な画像認識は,ニューラルネットワークの優れた機能の1つで,すでに監視カメラや自動車のナビゲーションなど,さまざまな分野に用いられています.身近なところでは,手書きの文字を認識するスマートフォンのアプリでも活用されています.

そこで,この手書きの文字認識について,ニューラルネットワークの訓練方法をみていきましょう.

11-2 事例:手書きの数字を認識する

アメリカ国立標準技術研究所(MNIST)が提供している手書き数字画像は,AIや機械学習の分野でよく活用されています.そこで,本章

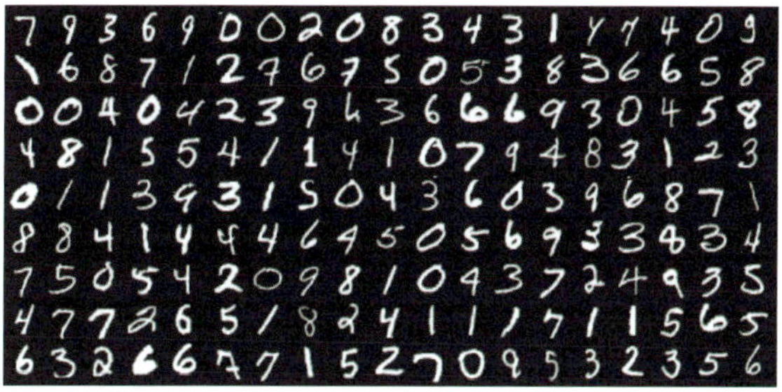

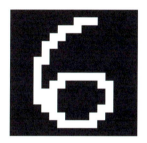

図 11.2　MNISTのデータセットから入手した手書き数字の画像

0	0	0	0	0	0	0	0	0	0	0	0	0	0	0	0
0	0	0	0	0	0	0	0	1	1	1	0	0	0	0	0
0	0	0	0	0	0	1	1	1	0	0	0	0	0	0	0
0	0	0	0	0	1	1	0	0	0	0	0	0	0	0	0
0	0	0	0	1	1	0	0	0	0	0	0	0	0	0	0
0	0	0	0	1	0	0	0	0	0	0	0	0	0	0	0
0	0	0	1	1	0	0	0	0	0	0	0	0	0	0	0
0	0	0	1	0	0	0	0	0	0	0	0	0	0	0	0
0	0	0	1	0	0	1	1	1	1	1	1	0	0	0	0
0	0	0	1	0	1	1	0	0	0	0	1	1	0	0	0
0	0	0	1	1	1	0	0	0	0	0	0	1	0	0	0
0	0	0	1	1	1	0	0	0	0	0	0	1	0	0	0
0	0	0	0	1	1	0	0	0	0	0	1	1	0	0	0
0	0	0	0	0	1	1	0	0	0	1	1	0	0	0	0
0	0	0	0	0	0	1	1	1	1	1	0	0	0	0	0
0	0	0	0	0	0	0	0	0	0	0	0	0	0	0	0

図 11.3　画像を画素に変換した事例

でもこの画像データを使って説明しましょう．

図 11.2 には，例題としていくつか手書き数字の画像が示されています．

画像をコンピュータに読み込ませるためには，まず，これらの手書きの画像を画素（ピクセル）に変換しなければなりません．「画素」とは，コンピュータで画像を処理するために必要な，色の情報を含む最小単位で，図 11.2 では，黒の画素が「0」，白の画素が「1」の数値で与えられています．それを具体的に示しているのが図 11.3 です．もし，画像がカラーであるならば，赤，緑，青の 3 原色（RGB）の数値がかわりに用いられます．

画像が数値化されれば，その数値は，ニューラルネットワークを通

予測された数字

	0	1	2	3	4	5	6	7	8	9	合計	%
0	84	0	0	0	0	0	1	0	0	0	85	99
1	0	125	0	0	0	0	1	0	0	0	126	99
2	1	0	105	0	0	0	0	4	5	1	116	91
3	0	0	3	96	0	6	0	1	0	1	107	90
4	0	0	2	0	99	0	2	0	2	5	110	90
5	2	0	0	5	0	77	1	0	1	1	87	89
6	3	0	1	0	1	2	80	0	0	0	87	92
7	0	3	3	0	1	0	0	90	0	2	99	91
8	1	0	1	3	1	0	0	2	81	0	89	91
9	0	0	0	0	1	0	0	6	2	85	94	90
合計	91	128	115	104	103	85	85	103	91	95	1000	92

実際の数字

図 11.4　ニューラルネットワークの性能を示した分割表

※例えば，第 1 行は，実際の数字が「0」の場合，85 枚の画像のうち 84 枚が「0」と正しく認識し（第 1 列目），誤って認識した数字が「6」であることを示している．なお，最後の「%」の列は予測精度を示している．

じて処理することができます．本章の事例では，実際の数字ラベルとともに，合計で 1 万個の手書き数字をニューラルネットワークに与えます．このニューラルネットワークに，画像とラベルが対応するよう学習させた後，ラベルを与えていない新しい 1000 個の手書き数字を使って，ニューラルネットワークがそれらを認識できるかどうかテストしてみます．

　その結果，1000 個の手書き数字のうち，ニューラルネットワークは，922 個の画像を正しいラベルとして認識しましたので，予測精度は 92.2％ということになります．なお，図 11.4 の分割表は，画像の識別誤差を調べるために示したものです．

　図 11.4 をみると，「0」と「1」の手書き画像については，ほとんど正しく認識されているようです．一方，「5」の画像については，予測精度がもっとも低く，処理の難しい数字であることがわかります．そ

こで，誤認識した数字をより詳細にみていきましょう．

　数字「2」は，約8％が「7」か「8」として，誤って識別されています．図11.5のように，人間の目で見れば，容易に「2」と認識できますが，ニューラルネットワークでは，例えば，数字「2」の尾部にくせがあると，判断に迷ってつまずくことがあるわけです．

　興味深いことに，「3」と「5」の数字についても，約10％ほどですが，同様の混乱が認められます（図11.6）．

数字 7-99%
数字 3-1%

数字 7-94%
数字 2-5%
数字 3-1%

数字 8-48%
数字 2-47%
数字 3-4%
数字 1-1%

数字 8-58%
数字 2-27%
数字 6-12%
数字 0-2%
数字 5-1%

図11.5　数字「2」の誤分類

数字 5-90%
数字 3-9%
数字 0-1%

数字 3-57%
数字 5-38%
数字 8-5%

数字 3-50%
数字 5-49%
数字 0-1%

数字 3-87%
数字 5-8%
数字 1-4%
数字 2-1%

図11.6　数字「3」と「5」の誤分類

しかし，こうした誤判断があるとはいえ，ニューラルネットワークは，人間よりも速く，また，全体としては高い精度で，画像認識を行うことができるといってよいでしょう．

11-3 ニューラルネットワークの構成要素

人間の脳は，神経細胞（ニューロン）を構成要素とした神経回路網から成り立っています．これを擬似的にモデルとして構成し，データから，さまざまな予測や推論を行うアルゴリズムがニューラルネットワークです．

したがって，このアルゴリズムで「ニューロン」とはモデルのことを指し，これらのモデルを結び付けるネットワークがニューラルネットワークということになります．

ただし，人間の脳とは違い，ニューラルネットワークでは，事前に定義された「層」「接続」「方向」にもとづいて，データの伝達が行われます．具体的にみていきましょう．

コンピュータが手書き数字を「認識する」というのは，ニューラルネットワークを使って入力画像を解析し，その数字について「予測する」ことを意味します．この画像認識の過程を示したのが図 11.7 で

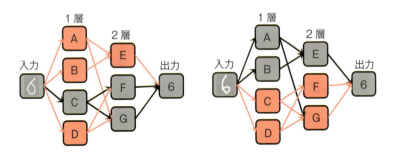

図 11.7　2 つの異なる入力に対して同一の出力が導き出される
　　　　　ニューラルネットワークの事例

※赤で示されたニューロンが活性化されたニューロン

す．この図では，2つのニューラルネットワークが示されており，異なる手書き数字の画像「6」が入力されています．

なお，ニューロンの集合を「層」とよびますが，ニューラルネットワークは，多層構造を前提としており，図11.7の「入力」が入力層，「1層」と「2層」が中間層（隠れ層），「出力」が出力層として区別されます．また，これらの層は，データの伝達回路の中で結び付いています．

このような多層構造によって，違う手書き数字「6」の画像が入力されてもニューラルネットワークでは，同一の予測結果が出力として期待されます．図11.7は，その過程を示していますが，活性化されたさまざまなニューロンの回路を通じて，同じ出力結果の「6」に到達しています．なお，「活性化」とは，入力側のニューロンが，信号として受け取った情報を蓄積し，特定のルール（活性化関数）にもとづき，基準値を超えると関連するニューロンに情報を伝達することを意味します．図11.7では，赤いノードが活性化されたニューロンを表しています．

この図からも明らかなように，活性化されたニューロンの組み合わせは，ただ1つの予測だけを導き出しますが，予測のための組み合わせはさまざまです．

入力層

この層は，データとして入力された画像のあらゆる画素を処理しますので，画像に存在する画素と同じ数のニューロンをもつことになります．したがって，本来であれば図11.7の「入力」は複数のニューロンからなる「入力層」とすべきですが，説明の単純化のため，単一のノードに「入力」としてまとめています．

予測を改善するには，**たたみ込み層**とよばれる層が用いられます．個々の画素を処理するかわりに，特徴のある部分のみを1つの層に畳み込んで処理するために，このようによばれます．

たたみ込み層を利用する場合，例えば，数字の「6」では，下部の丸い部分や，上部の線の部分を，たたみ込むべき特徴として識別しなければなりません．なお，この分析は，もっぱら識別された特徴にもとづいているのであって，その特徴の位置にもとづいているわけではありません．したがって，ニューラルネットワークでは，仮に鍵となる特徴が偏った部位にあったとしても，数字を正確に認識することができるわけです．このような性質を**移動不変性**とよびます．

隠れ層

ニューラルネットワークに画素のデータが入力されると，それらは，ネットワークが認識した画像と実際のラベルが類似するよう変換され，別の層に伝達されます．このように，入力層と出力層の間で変換された情報の授受を行う層が中間層，もしくは隠れ層とよばれる層です．

この隠れ層を多くすることで，よりラベルと類似した変換が実現できるかもしれません．しかし，この層を多くすればするほど，処理時間は大幅に長くなりますし，それに見合うだけの精度が得られるとも限りません．したがって，通常であれば数層の隠れ層で十分です．

また，隠れ層のニューロンの数は，画像の画素の数に比例します．前節の事例の場合，1つの隠れ層に500のニューロンが含まれています．

出力層

最終的な予測は，この出力層で示されます．それは，たった1つのニューロンからなる場合もありますし，数多くのニューロンからなる場合もあります．

損失層

図11.7では示されていませんが，ニューラルネットワークを訓練するときには，1つの**損失層**が必要です．この層は通常，最後におかれ，入力された画像と実際のラベルが一致したかどうかについて，その結果がフィードバックされます．そして，もし一致していなければ誤差となります．

損失層は，ニューラルネットワークの訓練には欠かせないものです．正しい予測が行われれば，損失層からのフィードバックは予測を導き出すうえで，有効なネットワークの経路を強化することになります．しかし正しい予測が行われなければ，誤差が経路全体に逆方向にフィードバックされてしまうので，誤差を小さくするために，その経路に沿ったニューロンの活性化のルールを再調整する必要があります．この再調整のための処理を，**誤差逆伝播法**とよびます．

　このような訓練の過程をくり返しながら，ニューラルネットワークは，入力信号を正しい出力ラベルと関連づけられるように学習し，その学習成果が各ニューロンの**活性化関数**として定式化されます．

　したがって，ニューラルネットワークの予測精度を高めるためには，活性化関数に影響を与える構成要素の調整が欠かせません．

11-4　活性化関数

　ニュートラルネットワークを使って予測を行うには，その経路に沿ったニューロンが順番に活性化される必要があります．また，ニューロンが活性化されるかどうかは，活性化のルールに左右されます．このルールを定式化したものが活性化関数です．

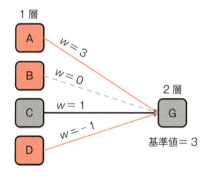

図11.8　あるニューロンの活性化関数の事例

「活性化関数」は入力信号の発信源と強さによって指定され，ニューラルネットワークの訓練を通じて微調整されます．

図 11.8 は，図 11.7 の左側の 2 層に含まれるニューロン G の活性化関数を図に示したものですが，これは活性化に失敗した事例にあたります．このニューラルネットワークでは，訓練の結果，2 層のニューロン G が 1 層のニューロン A，C，D と実線で結ばれており，これら 3 つのニューロンと関連づけられることを学習したことがわかります．したがって，A，C，D のニューロンから送られる信号は，ニューロン G の活性化のために，入力信号として G に送信されてます．

それに対して，ニューロン B は，訓練の結果，ニューロン G と関連づけることができず，B から G の出力がないため実線ではなく点線が引かれています（図 11.7 では，各ニューロン間の関係を，出力のある矢印線で示しているため，B から G の矢印線は引かれていません）．

関連づけで注意すべきことは，送信する信号の強さがニューロンによって違いますので，この強さを，w の記号で表記されるウェイト（重み）として処理するという点です．例えば図 11.8 では，活性化されたニューロン A（$w = 3$）がニューロン G（$w = 1$）よりも強い信号を G に送信していることがわかります．関連づけでは，方向性もまた重要な意味をもっています．例えばニューロン D（$w = -1$）は，図 11.8 でニューロン G に送信する入力信号が減少していることを表しています．なお，ニューロン B（$w = 0$）は，G への出力がないことを表しています．

このように，ニューロン G に与えられる入力信号の強さは，1 つ前の層で活性化されたニューロンのウェイトの合計で決まります．また，受け入れた信号の強さが一定の基準値を超えていれば，ニューロン G は活性化されることになります．図 11.8 をみると，ニューロン G の信号の強さは，$3 + (-1)$ で 2 となります．ニューロン C は，活性化されていないので，そのウェイトが計算に含まれることはありません．この事例では強さが基準値 3 を下回っているので，結局，ニューロン

Gは，活性化されなかったことになります．

　ニュートラルネットワークを使って精度の高い予測を導き出すには，適切な活性化関数が必要ですが，それには，学習を通じてウェイトと基準値の正しい値を知ることが不可欠です．

　それに加えて，ニューラルネットワークでは，別のパラメータ，例えば，隠れ層の数や各層のニューロンの数といったパラメータを調整する必要もあります．これらのパラメータを最適化するには，最急降下法が用いられます（第6章6-3節参照）．

11-5 利用上の注意点

　人間の頭脳を模倣し，それと競い合う潜在的能力が期待されているとはいっても，ニューラルネットワークは，いまだにいくつかの欠点を克服できていません．これらの欠点を解決するために，さまざまな手法が開発されています．

必要条件としての大標本

　複雑な特徴の入力データを認識するということは，ニューラルネットワークもまた複雑であることを意味します．しかし，これはまた，訓練に用いるデータが大規模でなければ実行できないことも意味します．訓練データがあまりに少ないと過学習になることは，第1章でもすでに述べたところです（第1章1-3節参照）．

　もし多くの訓練データを準備できないのであれば，次の手法を使って，過学習のリスクを最小化させることができます．

● サブサンプリング

　誤差や外れ値などのノイズがニューロンに与える影響を小さくするために，ネットワークに入力される信号（データ）を，**サブサンプリング**とよばれる処理を通じて「平滑化」します．これは，標本である信号に対して平均をとることで行うことができます．

　例えば，画像に対してこの操作をする場合は，画像のサイズを小さくするとか，カラーコントラストを全体的に下げることなどが考

えられます.

●歪曲収差

　訓練データが不足しているのであれば，各画像に対して「歪曲収差」を適用し，多くの新たなデータをつくることができます．ここで収差とは，画像がぼやけたりゆがんだりすることを意味しますが，歪曲収差は，画像に対してあえて歪曲された収差を与え，それを1つの新たなデータとして取り扱うことによって，訓練データの規模を拡大させることが目的となります．ただし，用いられる歪曲収差は，本来のデータセットの中にある画像にもとづいていなければなりません.

　例えば，手書き数字の場合，斜めに書かれた数字を再現するために画像を回転させたり，手の筋肉の制御不能な振動を反映させるために，特定の部分を伸縮（**弾性変形**）させたりします.

●ドロップアウト

　学習に必要な訓練例がほとんどない場合，異なるニューロンと関連づける機会が少なくなり，その結果として，小さなニューロンのクラスターどうしが過剰に相互依存するようになり，過学習の可能性が高くなります.

　これに対処する方法の1つは，訓練中にニューロンの半分をランダムに除外することです．これを**ドロップアウト**といいます．具体的には，除外されたニューロンが非活性化され，残されたニューロンは，もともと除外されたニューロンが存在していなかったものとして処理されます.

　なお，除外されたニューロンは異なるデータセットとして，次回の訓練の際に用いられます.

　このドロップアウトは，訓練例から少しでも多くの特徴を明らかにするために，ニューロンの異なる組み合わせを活用するための手法であるといえます.

計算コストの高さ

　ニューラルネットワークには，計り知れない数のニューロンが含まれており，これを訓練するには，計算に長い時間を要します．この計算時間の問題を解決するもっとも簡単な方法は，コンピュータのハードウェアをより性能の高いものに取り換えることですが，コストがかかります．かわりの方法としては，予測の精度を落とすことで，計算の処理速度を速くするようアルゴリズムを微調整することです．例えば，次のような方法があります．

● **確率的勾配降下法**

　従来の最急降下法（第6章6-3節参照）では，すべての訓練データを通じて，1回の反復ごとに単一のパラメータを更新し，それを最終的な解が得られるまでくり返していきます．しかし，これを実行するには，大規模なデータセットが必要で，したがって計算時間もかかります．そこで，代用として，1回のくり返しごとに，1つの標本データだけを訓練用に抽出してパラメータを更新する方法があります．**確率的勾配降下法**として知られるこの方法は，得られるパラメータの数値が完全に最適であるとは限りませんが，通常であれば，そこそこの精度が確保できます．

● **ミニバッチ勾配降下法**

　くり返しごとに1つの訓練データだけを参照する確率的勾配降下法は，確かに計算時間の短縮にはなりますが，結果として，パラメータの推定精度が低くなります．また，収束する可能性も低くなり，最適な数値の付近で推定値が一定せず，振り幅のある推定値が導き出されてしまいます．そこで，最急降下法と確率的勾配降下法の中間となるような手法が必要となります．それが**ミニバッチ勾配降下法**です．

　この手法は，確率的勾配降下法のように1つの標本データではなく，副データセット（データセットの部分集合）を訓練データとして，くり返しごとに参照する方法です．

第11章

ニューラルネットワーク

● 全結合層

新たなニューロンを付け加えるたびに，ニューロンの経路数も指数関数的に増加していきます．このため，全結合層について，可能な組み合わせのすべてを調べるには，膨大な計算が必要になってきます．

そこで，全結合層の処理はあきらめ，部分的に結合されたものとして，最初の層にニューロンを残す方法があります．

ただし，このような層は，小さくて水準が低い特徴を処理する層になります．そして，最後の層でのみ，隣接する層のニューロンを完全に接続しますが，この最後の層は，大きくて水準の高い特徴を処理する層となります．

解釈できない

ニューラルネットワークは多層構造となっており，それぞれの層には，異なる活性化関数にもとづいた数百のニューロンが含まれます．見方をかえると，これは，正しい予測結果をもたらす入力信号の組み合わせを正確に特定することが難しいことを意味します．

すなわち，ニューラルネットワークは，回帰分析（第6章参照）とは異なり，重要な予測因子が明確に特定され，比較できるような手法ではないということです．ニューラルネットワークがもつこのようなブラックボックス的な特徴は，なぜこの手法を用いることが有効なのか，その利用の正当化を難しくします．とくに，倫理的な決定を行うようなときには，この問題の難しさが顕著に現れます．そこで，各層ごとに，訓練中の進捗状況を詳細に分析する研究が進められています．その結果，個々の入力信号が，予測結果にどのような影響を与えるのか，徐々に明らかになりつつあります．

このような制限がありながらも，ニューラルネットワークは，バーチャルアシスタントや自動運転などといった最先端の技術にも取り入れられ，その有効性にいっそうの磨きがかかり，さらなる開発が続けられています．すでにニューラルネットワークが人間の模倣の域を越

え，私たちの能力にとってかわった分野もあります．例えば，2015年に開催されたボードゲームの国際試合で，人間のプレーヤーがグーグルのニューラルネットワークに負けたことは記憶に新しいところです．私たち人間がニュートラルネットワークのアルゴリズムを精緻化し，コンピュータの力が及ぶ範囲を押し広げていけば，ニューラルネットワークは，私たちのあらゆる仕事を結び付け，自動化させ，**モノのインターネット**（IoT）時代に欠くことのできない技術になることでしょう．

11-6　本章のまとめ

- ニューラルネットワークは，ニューロンを含む層から構成されます．訓練中に，最初の層のニューロンが入力データによって活性化されますが，この活性化が後の層に伝播され，最終的に予測を行う出力層に到達します．

- ニューロンが活性化されるかどうかは，活性化の強さと，それを送信したニューロンの**活性化関数**に左右されます．
活性化関数は，予測精度のフィードバックを通じて改良されていきますが，その過程で**誤差逆伝播法**とよばれるアルゴリズムが適用されます．

- ニューラルネットワークは，大規模なデータセットと高性能のコンピュータが利用可能であるときは，もっともよく機能します．しかしながら，なぜそのような結果が得られたのか，その理由を明らかにすることはできません．

MEMO

第12章

A/Bテストと多腕バンディット

12-1 A/Bテストの基本

いま，あなたがオンラインストアを開設したとしましょう．

さっそく販売キャンペーンを行うため，次のような2つの広告文，AとBを考えたとき，あなたなら最終的にどちらのほうを採用するでしょうか．

- 広告文A：最大50%のディスカウントセール！
- 広告文B：限定商品半額セール

どちらも同じようなことをいっているのですが，2つの広告文には，説得力に違いがあるかもしれません．例えば，広告文Aは，驚きや興奮を伝える感嘆符「！」付いており，また，「半額」よりも具体的な数字で「50%」としているので，より実感がわくかもしれませんね．

そこで，2つの広告文の効果を比較するために，100人に対して試験的に調査をしてみることにします．広告文Aを掲載したオンラインストアのバージョンAと，広告文Bを掲載したバージョンBを，それぞれ100人に示し，閲覧した回数を調べるわけです．当然のことですが，閲覧数が多いバージョンのほうが，より多くの買い手をひきつけたことになります．こうすれば，販売キャンペーンを行ううえで，どちらが効果のある広告文であるかを判定することができます．

その方法がこれから解説するA/Bテストです．

12-2 A/Bテストに関する利用上の注意点

A/Bテストには2つの問題点があります．

結果は運次第

　本当のところはおそまつなものなのに，たまたま注目を集め，高い評価を受ける広告があります．したがって，より確実な評価を得ようとするには，できるだけ多くの人に広告を見てもらうことです．ただし，これは次の第2の問題を引き起こすことになります．

収益を失う可能性

　ある広告について，見てもらう人を100人から200人に増やすということは，おそまつであるかもしれない広告を，2倍の人に見てもらうことを意味します．それはまた，優れた広告だったならば商品を買っていたかもしれない買い手を2倍失うということも意味します．ただし，これはあくまで可能性の問題です．

　この2つの問題は，A/Bテストをめぐる，ある相反関係を示唆しています．つまり，**探索**と**活用**です．具体的に述べると，広告の効果を調べようとして人の数を増やそうとすれば（探索），結果としておそまつな広告を優れたものにすることはできますが，その反面，もともと優れた広告であれば買い手となっていたかもしれない人を多く失ってしまう可能性があるということです（活用）．

　では，どのようにして，この相反関係のバランスをとったらよいでしょうか．これを解決する方法が ε-減衰法です．以下で具体的にみていきましょう．

12-3　ε-減衰法

　A/Bテストでは，実際に広告を活用して販売キャンペーンを始める前に，優れた広告を探索する必要があります．しかし，多くの経営者にとって，広告の探索が終了し優れた広告案が出るまで，販売キャンペーンを待つことは非現実的です．そこで，次のような方法でこの問題に対処します．

　いま，最初の100人のウェブ閲覧者に対して，バージョンAとバー

ジョンBを示し，どちらの閲覧数が多いか探索するとしましょう．

　もし，バージョンAが，バージョンBよりも多く人をひきつけ，閲覧数が多ければ，次の100人の閲覧者については，その60%に対してバージョンA，残り40%に対してバージョンBを示します．つまり，バージョンAのほうが優れていたという最初の探索結果を活用の出発点とするので，それにより，バージョンBの改良を目的として，その小さな可能性を探索し続ける必要もなくなります．この結果，バージョンAのほうが好ましいという証拠を示すことができれば，さらにバージョンAの閲覧者を増やし，バージョンBの閲覧者を少なくしていきます．そして，同じ過程をくり返しながら，徐々にバージョンBの閲覧者の比率を小さくしていきます（図12.1）．

　このような方法を **ε-減衰法** とよびます．ここでε（イプシロン）は探索率を表しています．つまり，εは，活用中の選択肢（バージョンA）にかわる選択肢（バージョンB）の閲覧数がすべての閲覧数の中で占める割合であり，それはつまり，効果のない選択肢の比率のことを意味します．この比率が減衰していくほど，優れた広告の信頼性は高くなっていきますので，この手法は，**強化学習** に属するアルゴリズムの1つであるとみなされます（第1章1-2節参照）．

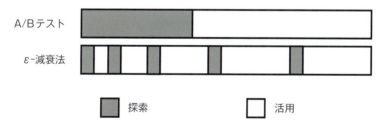

図12.1　A/Bテストとε-減衰法の比較

※A/Bテストは1つの探索とそれに続く1つの活用から成り立っている．
　これに対してε-減衰法は，探索と活用が混在しているが，開始時は探索数が多く，終了時は探索数が少なくなる．

12-4 事例：多腕バンディット

A/Bテストとε-減衰法の違いを典型的な事例で説明してみましょう．それは，スロットマシンを使った事例です．スロットマシンはマシンによって配当率がそれぞれ違っているので，自分の配当金を増やすためにはどのマシンでプレイをするか，その選択がギャンブラーにとって最大の関心事となります．

スロットマシンは，レバー1本で人のお金をだましとることから，別名「隻腕の悪党（1本腕のバンディット）」というニックネームが付けられています（図12.2）．このニックネームから，スロットマシンをギャンブラーが選ぶ問題を**多腕バンディット**問題とよびますが，いまやヒト・カネ・モノなど，あらゆる資源の配分や選択に関する問題を指す言葉として用いられています．例えば，どの広告を表示すべきか，どの問題を試験の前に復習すべきか，どの薬物研究に資金を提供すべきか，などなどです．

ここでは，2台のスロットマシン，AとBについて考えてみましょう．2台のマシンで，合わせて2000回スロットを回せるだけの十分な元手を用意し，ギャンブラーがマシンのレバーを1回引いて，勝った場合は1ドルの配当金，敗けた場合は配当金なし，とします．

図12.2　1本腕バンディット

表12.1　スロットマシンの配当率

マシン	配当率
A	0.5
B	0.4

　また，表 12.1 で示されているように，マシン A の配当のチャンスは50％，B は 40％とします．もちろんギャンブラーは，この確率を知りません．そうすると，ギャンブラーにとっての問題は，未知の配当率のもとで勝つ回数を最大化するにはどうしたらいいのか，ということになります．そこでギャンブラーのとるべき戦略を比較検討してみましょう．

全探索

　ギャンブラーが，無作為に 2 台のマシンを使って 2000 回ゲームを行うと，平均値（期待値）は 900 ドルになります．

A/Bテスト

　A/B テストでは，例えば，最初の 200 回のゲームを通じて配当率の高いマシンを探索したとすると，残り 1800 回のゲームでは，配当率の高いマシンを活用することになります．このケースの A/B テストを実際に試算した結果，ギャンブラーは，平均で 976 ドルを手にする可能性がありますが，そこには 1 つワナがひそんでいます．

　両方のマシンの配当率が比較的近い数値なので，実際には，マシン B のほうが高い配当率のマシンであると誤って識別する可能性が 8％あることです．

　この誤って識別してしまうリスクを小さくするには，探索の回数を 500 回以上にする必要があります．こうすることで，リスクを 1％に抑えることはできますが，その一方で，ギャンブラーの配当金も平均963 ドルと少なくなってしまいます．

ε-減衰法

　ε-減衰法を使った場合についても試算してみました．その結果，よ

いマシンを探索し続けながら，それぞれのくり返しの過程で，よいと識別されたマシンを活用すれば，ギャンブラーが獲得できる配当金は平均984ドルとなり，誤って識別してしまうリスクは4%となります．おそらく，これは探索率（ε の数値）が高くなることで，誤って識別するリスクが低くなるからであると考えられます．

しかし，前述でも指摘したように，探索率を高くし，リスクを低くしようとすると，配当金の平均値は低くなることでしょう．

全活用

もし，このギャンブラーがカジノの関係者で，マシンAの配当率がマシンBよりも高いことを事前に知っていたならば，つまり，インサイダー情報をもっていたならば，最初からマシンAを活用することができるので，平均値は1000ドルになります．しかし，これは（簡単には），実現できそうにもありませんね．

図12.3からも明らかなように，インサイダー情報にもとづく全活用を除き，ギャンブラーがもっとも高い配当金を受け取る可能性があるのは，ε-減衰法を使う場合です．さらにゲームの回数を多くしてい

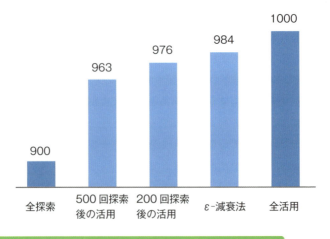

図12.3　各戦略別にみた配当額の期待値（単位：ドル）

けば，収束とよばれる数学的性質から，この ε-減衰法にもとづく戦略によって，より配当率の高いスロットマシンを確実に明らかにすることができるでしょう．

12-5 興味深い事実：勝ちにこだわる

スポーツは，多腕バンディット問題について，興味深い応用例を示す分野の 1 つです．有名なサッカークラブ，マンチェスターユナイテッドの監督に就任したルイ・ファン・ハールは，その任期中，型破りな戦術を採用していました．例えば，選手が PK 戦でどのようにシュートをするか，それをあらかじめ決めておくという戦術です．

PK 戦で最初の選手は，あらかじめ決められていたとおりにシュートし，ゴールすれば次の選手もそのとおりにシュートします．一方，失敗したら次に決めてあったとおりにシュートし，これをくり返すというものです．敵の弱点を探り当てるための勝ちにこだわる戦術として知られています．

この戦術を，表 12.1 のスロットマシンの事例にたとえていうと，勝ち続けている間はそのマシンで回し続け，失敗すると別のマシンに移動して回し続けることになります．私たちの試算では，この戦術による配当金の平均値は約 909 ドルとなり，無作為にマシンを使い分けた全探索による平均値をわずかに上回るだけの結果になりました．マシンをたびたび交換すると，あまりにも多くの探索と，あまりにも少ない活用によって，このような結果になってしまうわけです．

さらにいえば，この勝ちにこだわる戦術は，過去の成否の情報を見落としてしまいます．PK 戦の場合でいうと，選手の過去の実績を見落とすということです．つまりこの戦術は，「勝ちにこだわる」という目的とは裏腹に，明らかに得るところの少ない戦術であるといえるでしょう．

12-6 ε-減衰法に関する利用上の注意点

　ε-減衰法は，優れた手法ではありますが，A/Bテストと比べて，取り扱いが難しい手法であるといえます．

　ε-減衰法を利用するには，εの数値をコントロールすることが決定的に重要です．スロットマシンの事例の場合，εがあまりにゆっくり減衰していくと，よいマシンの活用を見逃してしまいます．逆に，あまりに速く減衰していくと，悪いマシンを活用することになるかもしれません．

　εの最適な減衰率は，これら2台のマシンの配当率がどれほど違うかに大きく依存します．表12.1のように，2台の配当率が非常に近くて似ている場合，εはゆっくりと減衰していきます．このため，εの適切な計算には，**トンプソンサンプリング**とよばれる手法が用いられます．広告の事例で，以下それらを示しましょう．

　また，ε-減衰法は，3つの仮定に左右されます．

1．時間の変化に対して不変である

　広告というものは，朝には注目を集めても，夜になると誰も見向きもしなくなることがあります．つまり，顧客の注目は，時間が経つと異なるということです．もし，2つの広告を朝行っていたならば，優れた広告であるとしていた最初の結論が，夜にはまちがっているかもしれません．

2．前回の結果に対して独立である

　ウェブ広告が複数回くり返して示された場合，顧客は広告の商品に対して次第に関心が高くなり，その広告をさらに閲覧し続けるでしょう．

　つまり，顧客の現在の閲覧回数は，前回の閲覧回数と独立ではなく，その影響を受けるということです．

　これは，真の閲覧回数を明らかにするには，探索のくり返しが必要であることを意味します．

3. 広告から買い手の反応までの時間差は最小である

広告が電子メールで送られてきたとき，潜在的な買い手は，数日でそれに反応するかもしれません．しかしこれは探索によって真の結果を知ろうとする妨げになり，その間の活用も不完全な情報にもとづいて試みられることになります．

つまり，買い手の反応は，時間をかけて観察する必要があるということです．

しかし，いま2つの広告を比較するのであれば，上記2番目か3番目の仮定のどちらかに反していたとしても，誤差の効果が相殺される可能性があります．例えば，もし2つの広告が電子メールで送られてきた場合，買い手の反応の時間差は，2つの広告に対してそれぞれ示されるので，両者の比較という点では適切であるといえるでしょう．

12-7 本章のまとめ

- 多腕バンディット問題は，あらゆる資源の配分や選択についてもっとも適切に処理する問題を扱います．それは，既知の成果を選択して活用するのか，新たなかわりを探索するのか，という問題です．
- 資源の配分や選択に関する解決策の1つは，もっとも効果的な結果を与える選択肢を選択する前に，まず利用可能な選択肢を探索することです．この戦略は，**A/Bテスト**とよばれます．
- もう1つの解決策は，時間の経過とともに，もっとも効果の高い選択肢を着実に増やしていくことです．この戦略は，**ε-減衰法**とよばれます．
- ε-減衰法は，A/Bテストよりも効果の高い選択肢を導き出すことができますが，資源の配分や選択を更新するためには最適な減衰率が必要であり，これを決めることは容易なことではありません．

MEMO

付　録

A.　概要：教師なし学習のアルゴリズム

		k平均法のクラスター分析	主成分分析	相関ルール	ルーバン法	ページランク
入力	2値			●		
	連続値	●	●			
	ノードとエッジ				●	●
出力	カテゴリー	●	●		●	
	関連			●		
	順位					●

B.　概要：教師あり学習のアルゴリズム

		回帰分析	k近傍法	サポートベクターマシン	決定木	ランダムフォレスト	ニューラルネットワーク
予測	2値の結果	●	●	●	●	●	●
	カテゴリーの結果		●		●	●	●
	クラスの確率	●	●		●	●	●
	連続値の結果	●			●	●	●
	非線形な関係		●	●	●	●	●
解析	変数の多さ			●	●	●	
	使用する標本	●	●		●		
	計算の速度	●			●		
結果	精度の高さ					●	●
	解釈の可能性	●	●		●		

C. 一覧表：パラメータチューニング

	パラメータのチューニング
回帰分析	・パラメータの正則化 （ラッソ回帰やリッジ回帰の場合）
k近傍法	・最近傍点の数
サポートベクターマシン	・ソフトマージン定数 ・カーネルパラメータ ・頑健なパラメータ
決定木	・リーフノードの最小数 ・リーフノードの最大数 ・決定木の最大深度
ランダムフォレスト	・決定木のすべてのパラメータ ・木の数 ・分割で選択する変数の数
ニューラルネットワーク	・隠れ層の数 ・各層のニューロンの数 ・訓練のくり返し数 ・学習率 ・最初の重み

D. さまざまな評価指標

　モデルの評価指標は，タイプの異なる予測誤差と，それに課せられるペナルティによってさまざまです．

　ここでは，第1章1-4節で紹介した評価指標以外で，よく利用される評価指標をいくつか取り上げます．

分類指標

受信者動作特性曲線（ROC曲線）

　例えば，「健康」か「病気」か，「買う」か「買わない」かといった2値分類でよく利用されるのが，**ROC曲線**という指標です．これにつ

いては，**真陽性率**を最大化するか，**偽陽性率**を最小化するか，そのどちらかの方法を選択することができます．

　いま，訓練データを使ってモデルを作成し，その結果をテストデータに適用して予測を行うとします．また，正解データの分類Aのクラスを「陽性」，分類Bのクラスを「陰性」とします．

　このとき，ROC曲線では，予測結果と正解をめぐり，次の4つの組み合わせが存在することになります．

- 真陽性（TP）：正解が陽性であるとき，正しく陽性と予測する
- 偽陽性（FP）：正解が陰性であるとき，誤って陽性と予測する
- 偽陰性（FN）：正解が陽性であるとき，誤って陰性と予測する
- 真陰性（TN）：正解が陰性であるとき，正しく陰性と予測する

　真陽性率と偽陽性率の評価指標は，すべてのテスト回数と，これらの組み合わせに該当した回数を使って次のように定義されます．

真陽性率（*TPR*）

　これは，正解が陽性であるテスト回数の中で，正しく陽性であると分類されたテスト回数の比率で，以下のように定式化できます．

$$TPR = \frac{TP}{TP+FN}$$

偽陽性率（*FPR*）

　これは，正解が陰性であるテスト回数の中で，誤って陽性であると分類されたテスト回数の比率で，以下のように定式化できます．

$$FPR = \frac{FP}{FP+TN}$$

先の定義式から明らかなように，真陽性率の最大値は 1 となります．これは，正解が陽性の場合に，すべての予測も正しく陽性として分類できたことを意味します．

　また，真陽性率が最大化するということは，偽陰性の回数が少なくなることを意味します．

　しかしそれは，正解が陰性である場合，偽陽性の回数が減少することを意味するわけではありません．むしろ，大幅に増加していくかもしれません．いい方をかえれば，偽陽性率の最小化と，真陽性率の最大化は相反関係にあるということです．

　この相反関係を視覚的に図示したものが，図付.1 に示されている**受**

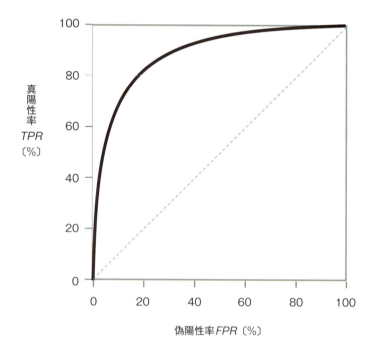

図付.1　真陽性率の最大化と偽陽性率の最小化について相反関係を示したROC曲線

信者動作特性（ROC）曲線です．

このモデルの精度は，ROC曲線に囲まれた面積（AUC）で計測することができるので，AUCはモデルの評価指標として使われています．モデルが精密になればなるほど，曲線が縦軸と上横軸に近づいていき，完全な予測モデルの場合は正方形の面積と等しくなるので，AUCの数値は1になります．対照的に，ランダムな予測値しか与えないモデル，つまり，予測の精度が低いモデルの場合は，グラフの対角線で囲まれた面積と等しくなるので，AUCの数値は0.5になります．

さまざまなデータを使って試算した結果，著者たちは，もっともAUCの高いモデル，つまりもっとも精度の高いモデルを実際に識別することができ，ROC曲線を使って *TPR* もしくは *FPR* に対する適切な評価も与えることができました．

ROC曲線には誤差のタイプに制限がありますが，あらゆるタイプの誤差を評価し，不適切な予測についてペナルティを課すことのできる評価指標もあります．それは対数損失にもとづく指標です．

対数損失 （Log Loss）

2値変数，もしくはカテゴリー変数の予測は，一般に確率で示されます．例えば，「顧客が魚を買う確率」といったような予測です．この確率が100％に近くなるほど，モデルの**信頼度**，つまり，「顧客が魚を買う」という予測の信頼度も高くなります．

対数損失は，モデルの信頼度を利用して，誤った予測に対するペナルティを定量化します．具体的には，モデルの予測が誤っているほど，対数損失にもとづくペナルティを大きくします．

図付.2では，悪い予測を与えるモデルの信頼度が上限値に近づくと，劇的にペナルティも大きくなることが示されています．例えば，「顧客が魚を買う確率」が80％であるとモデルが予測したとすれば，それがまちがっていた場合，0.7ポイントのペナルティが与えられることになります．また，モデルが99％と予測したとすれば，それがまちがっ

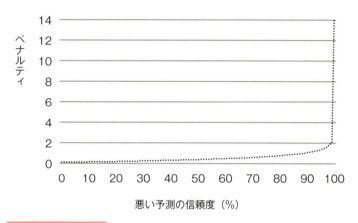

図付.2　対数損失

※悪い予測をするモデルの信頼度が高くなるにつれて，ペナルティは大きくなっている．

ていれば，80％の場合の2倍以上大きい2ポイントのペナルティが与えられることになります．

　対数損失の評価指標は，予測の信頼度にもとづいてペナルティを定量化するため，誤った予測がとくに有害な場合によく利用されます．

回帰指標

平均絶対誤差（MAE）

　回帰モデルを評価するもっともシンプルな方法は，すべての誤差に等しくペナルティを課すことであり，それは，すべてのデータポイントに対して予測値と実際の数値の差を求め，その絶対値の平均をとることです．このような評価指標を**平均絶対誤差**とよびます．

2乗平均平方根（対数）誤差（RMSLE）

　第1章1-4節で，2乗平均平方根誤差（RMSE）を紹介しましたが，それは，大きな誤差に対してペナルティを増幅する指標でした．対して，対数を使った2乗平均平方根（対数）誤差（RMSLE）は，誤差の

大きさだけではなく，誤差の方向性も考慮する評価指標になります．

　この2乗平均平方根（対数）誤差は，観測値よりも過小評価された推定値を回避したい場合によく用いられます．

　例えば，雨の日のかさの需要を予測するような場合，推定値の過大評価は，かさの販売店に余分な在庫をもたらすだけで済みますが，過小評価は，顧客に雨にぬれる不幸と不利益をもたらすことになります．

　このように，誤差の大きさだけではなく，応用上，誤差が過大か過小かといった方向性も検討の対象となる場合は，2乗平均平方根（対数）誤差を活用するとよいでしょう．

MEMO

用語集 （50音順）

【アプリオリ原理】 → 第4章4-4節

　項目セットの購入頻度が少ない場合，それを含む，より大きな項目セットの購入頻度も少ないというルールです．

　これは，購入頻度と項目の関連を測定する際に，調べる必要がある項目の数を減らすために使用される手法です．

【アンサンブル学習】 → 第10章10-3節

　モデルの予測精度を向上させるために，複数の予測モデルを組み合わせる手法です．

　これによって，誤った予測は互いに相殺され，その一方で，正確な予測ができるよう，お互いにモデルが強化されます．

【移動不変性】 → 第11章11-3節

　画像上のどこに配置されているかに関係なく，画像の主要な特徴が正確に認識することができるという性質を意味します．たたみ込み層を利用したニューラルネットワークでその性質が活かされます．

【ε−減衰法】 → 第12章12-3節

　ウェブ広告などで，2つの選択肢がある場合，活用中の選択肢を優先しながら探察を続ける手法で，強化学習に含まれます．ε（イプシロン）は探索率を表しています．

　ウェブ広告の場合でいうと，これは，活用中の選択肢にかわる選択肢の閲覧数がすべての閲覧数の中で占める割合であり，有効ではない選択肢の比率のことを意味します．この比率が減衰していくほど，優れた広告の信頼性は高くなっていきます．

【A/Bテスト】 → 第12章1-1節

　広告で，2つのパターンAとBの効果を比較し，両者の収益に対する効果を検証する方法です．ウェブ広告の事例でいうと，最初に，2つの広告パターンを同じ人数の閲覧者に提示し，どちらのパターンの閲覧回数やクリック数が多いかを調べることになります．この段階を探索とよびます．

　その結果として，有効なパターンが識別されれば，商品の収益を最大化させるため，有効なパターンだけを用いてウェブ広告を行います．この段階を活用とよびます．

　探索（よりよい代替パターンのチェック）と活用（潜在的な収益の増大）の間には相反関係があり，そのバランスをどのようにとるかは，常に重要な問題となります．

【カーネルトリック】 → 第8章8-3節

　高次元のデータポイントを，より低い次元に射影する手法です．この手法によって，複雑に湾曲したパターンを，簡単な計算で導き出すことができます．

【回帰分析】 → 第6章

　できるだけ多くのデータポイントが近くに位置するような傾向線を見つける手法で，教師あり学習に含まれます．

　また，このようにして得られた直線を回帰直線とよび，予測因子の重みづけされた組み合わせから導き出されます．なお，予測因子の重みは回帰係数とよばれます．

【過学習】 → 第1章1-3節

　予測モデルが過剰に適合し，データのランダムな変動を持続的なパターンとして誤読してしまう現象のことです．

　過学習のモデルは，現在の訓練データに対しては非常に正確な予測

を行いますが，将来のテストデータに対して一般化できません.

【活性化関数】 → 第 11 章 11-4 節

　信号として入力側ニューロンから受け取った情報を蓄積し，特定の
ルールにもとづき，基準値を超えると関連するニューロンに情報を伝
達するというルールを定式化したものが活性化関数です．ニューロン
が活性化される前に，受信する入力信号の発信源と強さを指定する基
準となります.

　ニューロンの活性化は，ニューラルネットワークを通じて伝播され
ます.

【強化学習】 → 第 1 章 1-2 節

　データに潜在するパターンにもとづいて予測を行い，それらの予測
を断続的に改善したい場合に使用される機械学習のアルゴリズムです.

【教師あり学習】 → 第 1 章 1-2 節

　予測を行うために使用される機械学習アルゴリズムの総称です．こ
れに含まれるアルゴリズムは，求める予測について事前に参照すべき
例題や助言があるということから，「教師あり」とよばれます.

【教師なし学習】 → 第 1 章 1-2 節

　データに潜在するパターンを見つけるために使用される機械学習の
総称です．これに含まれるアルゴリズムは，求める結果についてあら
かじめ参照すべき助言や例題がないということから，「教師なし」とよ
ばれます.

【訓練データ】 → 第 1 章 1-2 節

　アルゴリズムの改善に用いられるデータのことで，予測モデルの作
成を目的として，データに潜在するパターンを発見するために使用さ

れます．訓練データによって訓練されたモデルの精度はテストデータ
で評価されます．

【k近傍法】 → 第7章7-2節

　近隣（近傍）するデータポイントを参照し，多数決の原理にもとづ
いて，データポイントの分類を行う手法で，教師あり学習に含まれま
す．kは多数決の投票に加わるデータポイントの数です．

【k平均法のクラスター分析】 → 第2章

　クラスター分析とは，類似したデータポイントをクラスター（集団）
としてグループ化する手法で，教師なし学習に含まれます．
　ここで，kは識別されるクラスターの数を表します．

【決定木】 → 第9章

　2項選択式の質問を順次行うことによって予測を行う手法で，教師
あり学習に含まれます．
　データポイントをくり返し分割していき，同質なグループを識別し
ていきます．
　理解しやすく，容易に視覚化することができますが，過学習になる
傾向があります．

【交差検証】 → 第1章1-4節

　モデルの予測精度を評価するために，データを最大限に活用する手
法です．データセットを，部分集合であるセグメントのいくつかに分
割し，各セグメントは，モデルを精査するためにくり返し用いられます．
　1回のくり返しにおいて，1つのセグメントを除いたほかのすべて
のセグメントが予測モデルを訓練するために用いられ，残り1つのセ
グメントにもとづいてモデルの精度が検証されます．

【勾配ブースティング】 → 第9章 9-4 節

2項目選択式質問を戦略的に選出する手法で，教師あり学習に含まれます．ランダムフォレストのように質問をランダムに選択するのではなく，後に続く木の予測精度が向上するように戦略的に選択し，最終的な予測を行います．

【誤差逆伝播法】 → 第11章 11-3 節

ニューラルネットワークで，活性化のルールを再調整するための方法です．ニューラルネットワークで正しい予測が行われれば，損失層からのフィードバックは，予測を導き出すうえで有効なネットワークの経路を強化することになります．

しかし，もし正しくない予測が行われれば，誤差が経路全体に逆方向にフィードバックされてしまうので，その経路に沿ったニューロンは誤差を小さくするために，活性化のルールを再調整する必要が出てきます．

このために用いられる手法です．

【混同行列】 → 第1章 1-4 節

分類の予測精度を評価するための指標です．分類表にまとめられた混同行列には，全体的な分類精度とは別に，プラスの失敗とマイナスの失敗の頻度が示されます．

【再帰的分割】 → 第9章 9-3 節

決定木作成の際，同質なグループを得るために，標本データをくり返し分割することです．

【最急降下法】 → 第6章 6-3 節

モデルのパラメータを調整する手法です．基本的には，反復計算によって予測誤差が最小になるような重み（回帰係数など）の推定値を

求め，全体の予測誤差が最小になるよう重みを再調整して最適な重みの推定値を導き出します．

【サブサンプリング】 → 第11章11-5節

平均をとることによって，入力データを「平滑化」するニューラルネットワークの手法で，これによって，モデルの過学習を防ぐことができます．例えば，画像に対してこれを実行する場合，画像サイズを小さくするとか，カラーコントラストを下げたりすることになります．

【サポートベクターマシン】 → 第8章

最適な境界線を引くことで，データポイントを2つのグループに分類する手法で，教師あり学習に含まれます．最適な境界線は，異なるグループの点にもっとも近い境界線周辺のデータポイント（サポートベクター）を識別し，これらの真ん中に境界線を通すことで引くことができます．

また，カーネルトリックというアルゴリズムを使えば，非線形な曲線の境界線を効率よく引くこともできます．

【次元削減】 → 第1章1-1節

相関の高い変数を組み合わせるなどして，データ内の変数の数を減らしていく過程のことです．

【主成分分析】 → 第3章

データの中でもっとも有効な情報を与える変数を，主成分とよばれる新しい変数に合成させる手法で，教師なし学習に含まれます．

主成分分析による変数の合成によって，分析する必要がある変数の数を減らすことができます．

【スクリープロット】 → 第2章 2-3節

クラスター分析や主成分分析などで，分類されたグループ数を決定するために使用する折れ線グラフのことです．例えば，クラスター分析の場合，この勾配が急激に変化した箇所で最適なクラスター数が得られます．

【正則化】 → 第1章 1-3節

ペナルティパラメータを導入することによって，予測モデルの過学習を防ぐ手法です．この正則化によってモデルの複雑さを避けながらも正確さを確保し，パラメータを最適化することができます．

なお，ペナルティパラメータとは，モデルが複雑になるほど，人工的に生成した予測誤差をより大きく予測値に与えることです．

【相関】 → 第6章 6-5節

2変数の関係の強さを示す指標です．この計算結果は，−1から1の範囲をとり，次の2つの情報を与えます．

- 関連の強さ：1または−1で最大（完全相関）となり，0で最小（無相関）となります．
- 関係の方向：2変数が，同じ方向に連動している場合はプラス，逆方向に連動している場合はマイナスになります．

【相関ルール】 → 第4章

データポイントの相互関係を検出する方法で，「教師なし学習」に属する手法です．例えば商品の売上高の事例でいうと，購入されることの多い項目（商品）を特定するために，以下の3つの尺度が用いられます．

- $\{X\}$ の支持度：これは，項目Xが全体の中でどの程度の頻度で購入されているかを示す尺度です．
- $\{X \to Y\}$ の信頼度：これは，項目Xが購入されたことを前提とし

た場合に，項目 Y がどの程度の頻度で購入されているかを示す尺度です．

- {$X \rightarrow Y$} のリフト値：これは，項目 X と Y がそれぞれどの程度の頻度で購入されているかを明らかにするとともに，項目 X と Y がともにどの程度購入されているかを示す尺度です．

【多重共線性】 → 第 6 章 6-6 節

　回帰分析で生じる問題で，予測因子間に強い相関がある場合を指します．このような場合，回帰直線の重み（回帰係数）の推定値に対して，係数の解釈をゆがめてしまうなど，さまざまな問題が起こります．

【多腕バンディット問題】 → 第 12 章 12-4 節

　ヒト・カネ・モノなど，あらゆる資源の配分や選択に関する問題を指す用語です．もともとは，よく出るスロットマシンをギャンブラーが選ぶ問題に由来します．

【テストデータ】 → 第 1 章 1-2 節

　改善されたアルゴリズムに対して，将来に適用される未知データのことで，予測モデルの精度と一般化の可能性を評価するために使用されます．モデルが訓練中の間は使用されません．

【特徴量エンジニアリング】 → 第 1 章 1-1 節

　単一の変数を組み換える，または複数の変数を組み合わせることによって，新しい変数を作成することです．

【ドロップアウト】 → 第 11 章 11-5 節

　モデルの訓練中に，ニューロンをランダムに除外することです．過学習を防ぎ，訓練例からできるだけ多くの特徴を明らかにするために，ニューロンの異なる組み合わせを活用します．

【2乗平均平方根誤差】 → 第1章1-4節

回帰予測の精度を評価するための指標です．個々の誤差が2乗されるたびに誤差が大きく増幅されるので，大きな誤差を識別したい場合に有益な評価指標です．

【ニューラルネットワーク】 → 第11章

学習と予測を行うための手法で，教師あり学習に含まれます．

ニューラルネットワークは，ニューロンを含む層から構成され，訓練中に最初の層のニューロンが入力データによって活性化されます．

非常に正確な予測を行うことができますが，なぜそのような結果が得られたのか，その理由を説明することはできません．

【パラメータチューニング】 → 第1章1-3節

アルゴリズムのパラメータを調整して，結果として得られるモデルの精度を向上させることです．

ラジオをクリアに聞くために周波数を調整する様子に似ていることから，「チューニング」とよばれます．

【バリデーション】 → 第1章1-4節

モデルの学習，つまりパラメータの更新を検証する方法で，新規のデータにもとづいて得られる予測モデルの精度を検証します．

まったく新規のテストデータを適用するのではなく，現在のデータセットを訓練データ用とテストデータ用に分割して，モデルの精度を検証します．

【標準化】 → 第3章3-2節

複数の変数を比率で表現した場合と同じように，変数を一定の尺度に変換させ，単位の異なる変数を比較可能にすることです．

【ブートストラップ集約（バギング）】 → 第 10 章 10-4 節

　お互いに異なり，相関のない決定木を大量につくる手法です．訓練データに含まれる予測変数の中から，ランダムに抽出された変数を用いて，決定木間の相関が最小になるよう各決定木をつくります．過学習を避けるため，ランダムフォレストをつくる場合に用いられます．

【ブラックボックス】

　本書の各章では，予測を導き出すための明確な式がないという意味として，解釈不可能な予測モデルの場合に，「ブラックボックス」という用語を用いています．

【分類】 → 第 1 章 1-2 節

　2 値またはカテゴリーの予測値を意味し，教師ありの学習に含まれます．

【ページランクアルゴリズム】 → 第 5 章 5-4 節

　ネットワーク内の主要なノードを識別し，ランキングするアルゴリズムです．具体的には，リンクの数，リンクの強度，リンク元にもとづいてノードをランキングします．

【変数】 → 第 1 章 1-1 節

　データポイントを説明する情報を意味します．属性，機能，またはディメンションともよばれます．

　さまざまな種類の変数がありますが，主に 4 つのタイプに分類され，適切なアルゴリズムを選択するうえで，これらのタイプを区別することが重要です．

- 2 値変数：もっともシンプルな変数で，このとき，データポイントがとりうる選択肢は 2 つしかありません（例えば男性と女性など）．

- カテゴリー変数：データポイントの選択肢が 2 つ以上ある変数です（例えば民族など）.
- 離散変数：データポイントの数値が整数値の変数です（例えば年齢など）.
- 連続変数：データポイントの数値が小数を含む数値，つまり連続値の変数です（例えば価格など）.

【未学習】 → 第 1 章 1-3 節

予測モデルの適合が弱く，重要なパターンを見落としてしまう現象のことです．未学習のモデルは，意味あるトレンドを無視することが多く，訓練データにもテストデータにもうまく適合しません.

【ランダムフォレスト】 → 第 10 章

2 項選択式質問の組み合わせをランダムに選択して，複数の決定木を作成する手法で，教師あり学習に含まれます．これらの作成されたそれぞれの決定木を集約することで，最終的な予測を与えます.

【ルーバン法】 → 第 5 章 5-3 節

クラスター内の相互関係を最大化させ，クラスター間の相互関係を最小化させることによってクラスターを分類する手法で，教師なし学習に含まれます.

MEMO

データソースと参考文献

◆フェイスブックユーザのパーソナリティ（k平均法によるクラスター分析）

Stillwell, D., & Kosinski, M. (2012). *myPersonality Project* [Data files and description].

データの取得先：http://dataminingtutorial.com

Kosinski, M., Matz, S., Gosling, S., Popov, V., & Stillwell, D. (2015).

Facebook as a Social Science Research Tool: Opportunities, Challenges, Ethical Considerations and Practical Guidelines.

American Psychologist.

◆食品の栄養成分（主成分分析）

Agricultural Research Service, United States Department of Agriculture (2015). *USDA Food Composition Databases* [Data].

データの取得先：https://ndb.nal.usda.gov/ndb/nutrients/index

◆スーパーマーケットでの売買（相関ルール）

Dataset is included in the following R package: Hahsler, M., Buchta, C., Gruen, B., & Hornik, K. (2016). *arules: Mining Association Rules and Frequent Itemsets.* R package version 1.5-0.

パッケージ取得先：https://CRAN.Rproject.org/package=arules

Hahsler, M., Hornik, K., & Reutterer, T. (2006). *Implications of Probabilistic Data Modeling for Mining Association Rules.*

In Spiliopoulou, M., Kruse, R., Borgelt, C., Nürnberger, A., & Gaul, W. Eds., *From Data and Information Analysis to Knowledge Engineering, Studies in Classification, Data Analysis, and Knowledge Organization.* pp.598-605. Berlin, Germany: Springer-Verlag.

Hahsler, M., & Chelluboina, S. (2011). Visualizing Association Rules: Introduction to the R-extension Package arulesViz. *R Project Module,*
223-238.

◆ 兵器貿易（社会ネットワークのグラフ）

Stockholm International Peace Research Institute (2015). *Trade Registers* [Data].
データ取得先：http://armstrade.sipri.org/armstrade/page/trade_register.
php

◆ 住宅価格（回帰分析）

Harrison, D., & Rubinfeld, D. (1993). *Boston Housing Data* [Data file and description].
データ取得先：https://archive.ics.uci.edu/ml/datasets/Housing
Harrison, D., & Rubinfeld, D. (1978). Hedonic Prices and the Demand for Clean Air. *Journal of Environmental Economics and Management*, 5, 81-102.

◆ ワインの化学組成（k近傍法）

Forina, M., *et al.* (1998). *Wine Recognition Data* [Data file and description].
データ取得先：http://archive.ics.uci.edu/ml/datasets/Wine
Cortez, P., Cerdeira, A., Almeida, F., Matos, T., & Reis, J. (2009). Modeling Wine Preferences by Data Mining from Physicochemical Properties. *Decision Support Systems*, 47(4), 547-553.

◆心臓病（サポートベクターマシン）

Robert Detrano (M.D., Ph.D), from Virginia Medical Center, Long Beach and Cleveland Clinic Foundation (1988). *Heart Disease Database* (Cleveland) [Data file and description].

データ取得先：https://archive.ics.uci.edu/ml/datasets/Heart+Disease

Detrano, R., *et al*. (1989). International Application of a New Probability

Algorithm for the Diagnosis of Coronary Artery Disease. *The American Journal of Cardiology*, 64(5), 304-310.

◆タイタニック号の生存者（決定木）

British Board of Trade Inquiry (1990). *Titanic Data* [Data file and description].

データ取得先：

http://www.public.iastate.edu/˜hofmann/data/titanic.html

Report on the Loss of the 'Titanic' (S.S.) (1990). British Board of Trade Inquiry Report (reprint), Gloucester, UK: Allan Sutton Publishing and are discussed in Dawson, R. J. M. (1995). The 'Unusual Episode' Data Revisited. *Journal of Statistics Education*, 3(3).

◆サンフランシスコ市の犯罪（ランダムフォレスト）

SF OpenData, City and County of San Francisco (2016). *Crime Incidents* [Data].

データ取得先：https://data.sfgov.org/Public-Safety/Map-Crime-Incidents-from-1-Jan-2003/gxxq-x39z

◆サンフランシスコ市の天気（ランダムフォレスト）

National Oceanic and Atmospheric Administration, National Centers for Environmental Information (2016). *Quality Controlled Local*

Climatological Data (QCLCD) [Data file and description].

データ取得先：https://www.ncdc.noaa.gov/qclcd/QCLCD?prior=N

◆ **手書き文字の画像（ニューラルネットワーク）**

LeCun, Y., & Cortes, C. (1998). *The MNIST Database of Handwritten Digits* [Data file and description].

データ取得先：http://yann.lecun.com/exdb/mnist

LeCun, Y., Bottou, L., Bengio, Y., & Haffner, P. (1998). Gradient-based

Learning Applied to Document Recognition. *Proceedings of the IEEE*, 86(11), 2278-2324.

なお，さらに多くのオープンデータがほしい場合は，例えば以下を参照してください．

Lichman, M. (2013). *UCI Machine Learning Repository*. Irvine, CA: University of California, School of Information and Computer Science.

データ取得先：http://archive.ics.uci.edu/ml

訳者あとがき

「データサイエンティスト：21 世紀でもっともセクシーな職業」.

これは，アメリカの有名なビジネス雑誌『ハーバード・ビジネス・レビュー』に掲載された記事の見出しですが，それ以来，データサイエンスは，日本でもよく耳にする言葉となっています.

しかしながら，言葉の流行とは裏腹に，データサイエンスが何を目的とする科学なのか，それは必ずしも明確ではありません．1 つには，この科学が，幅広い分野を含んだ総合的な概念として受け止められているからではないかと思います．そのような世評に対して，本書は，データサイエンスの考え方と内容を，明確に示した著書であるといえます.

第 1 章で著者たちが述べているように，本書で取り上げられているデータ解析の方法（アルゴリズム）は，機械学習の考え方にもとづいて解説されています．これは，データサイエンスに対する著者たちの「1 つの考え方」を示しています.

この考え方にもとづく本書は，初心者に対して，2 つの点で大変工夫を凝らしています．1 つの工夫は，数式をまったく使わないという点です．これによって，多くの一般の人たちに，データサイエンスにおける手法の意味や問題点を，わかりやすく理解してもらえることができるでしょう.

もう 1 つの工夫は，入門書にありがちな，人工的なデータで都合よく手法を解説するのではなく，具体的な問題（マーケティング，犯罪，食品の成分分析など）に関するデータにもとづいて，分析結果を示しながら，手法の解説を行っている点です.

これらの工夫によって，本書は水準の高い内容を，やさしく，しっかりと学ぶことができる入門書になっています．それは，原書の売れ行きを示すビッグデータからも裏づけることができます.

こうした著者たちの意図をできる限り反映させるため，本書の翻訳にあたっては，訳者自身も次のような工夫をしました．

（1）訳文については，日本のデータサイエンスの初学者にとって，わかりやすく理解しやすいことをもっとも重視しました．このため，意訳を試みた部分も少なくありません．

（2）データサイエンスの手法や概念について，原書にはない説明も必要に応じて加えました．

（3）「カタカナ」用語はできる限り避け，日本語としてわかりやすい訳語を多用しました．

　本書の中で，「データサイエンスはデータがすべてである」という一節が出てきます（どこに出てくるかは探してみてください）．訳者は，この言葉を，少なくとも2つの意味で重く受け止めました．1つは，どのようなアルゴリズムを使おうとも，結局のところ「よいデータ」を使わない限り，よい結果は出てこないということです．もう1つは，データを使いこなすには，データに関する知識が必要だということです．金融の知識がない人が金融データを使っても，医学の知識のない人が医療データを使っても，おそらく有益な結果を引き出すことは難しいはずです．AIや機械学習のように，分析を機械まかせにしたとしてもです．本書は，それを確認するうえでも，意義ある一書だといえます．

　最後になりますが，本書の翻訳に際しては，企画から出版にいたるまで，株式会社オーム社　書籍編集局の皆様に大変お世話になりました．この翻訳は，同社のご尽力がなければ実現しませんでした．記して感謝の意を表したいと思います．

2019 年 6 月

上藤　一郎

〈著者略歴〉

Annalyn Ng（アナリン・ウン）

現在，サンフランシスコ・ベイエリアのデータサイエンティスト．ケンブリッジ大学で修士号を取得（MPhil）．学位取得後，ディズニー研究所の研究員として活動し，その間，ミシガン大学アナーバー校で統計学の講師も務める．また，シンガポール政府で6年間働いた経験もあり，そこでは，雇用マッチングと詐欺被害の予測モデルの研究に従事していた．

Kenneth Soo（ケネス・スー）

スタンフォード大学で統計学の修士号を取得（MSc）．学部時代は，ウォーリック大学に在籍し，数学，オペレーションズ・リサーチ，統計学，経済学のクラス（MORSE）で3年連続トップ学生となる．また，ウォーリック大学では，オペレーションズ・リサーチ＆マネジメント・サイエンスグループの研究助手を務める．そこでは，偶発事故に影響を受けるネットワークの問題をめぐり，データサイエンスの研究に従事していた．

〈訳者略歴〉

上藤一郎（うわふじ　いちろう）

静岡大学人文社会科学部 教授．専攻は統計学．主な著作に，『データサイエンス入門－Excelで学ぶ統計データの見方・使い方・集め方』オーム社（共著），『調査と分析のための統計－社会・経済のデータサイエンス－』丸善（共著），『人口移動の経済学』晃洋書房（共著）などがある．

本文デザイン：ユニックス　大西 悠太

- 本書の内容に関する質問は，オーム社書籍編集局「（書名を明記）」係宛に，書状またはFAX（03-3293-2824），E-mail（shoseki@ohmsha.co.jp）にてお願いします．お受けできる質問は本書で紹介した内容に限らせていただきます．なお，電話での質問にはお答えできませんので，あらかじめご了承ください．
- 万一，落丁・乱丁の場合は，送料当社負担でお取替えいたします．当社販売課宛にお送りください．
- 本書の一部の複写複製を希望される場合は，本書扉裏を参照してください．

JCOPY〈出版者著作権管理機構 委託出版物〉

数式なしでわかるデータサイエンス
ビッグデータ時代に必要なデータリテラシー

2019年7月25日　　第1版第1刷発行

著　　者　Annalyn Ng・Kenneth Soo
訳　　者　上藤一郎
発 行 者　村上和夫
発 行 所　株式会社 オーム社
　　　　　郵便番号　101-8460
　　　　　東京都千代田区神田錦町3-1
　　　　　電話　03(3233)0641(代表)
　　　　　URL　https://www.ohmsha.co.jp/

© オーム社 2019

組版　ユニックス　　印刷・製本　小野高速印刷
ISBN978-4-274-22401-0　Printed in Japan

好評関連書籍

マンガで統計を
わかりやすく解説！

- ●高橋 信／著
- ●トレンド・プロ／マンガ制作
- ●B5変・224頁
- ●定価(本体2000円【税別】)

回帰分析の基本からロジスティック回帰分析までやさしく解説！

- ●高橋 信／著
- ●井上 いろは／作画
- ●トレンド・プロ／制作
- ●B5変・224頁
- ●定価(本体 2200 円【税別】)

因子分析の基礎から応用までマンガと文章と例題でわかる！

- ●高橋 信／著
- ●井上 いろは／作画
- ●トレンド・プロ／制作
- ●B5変・248 頁
- ●定価(本体 2200 円【税別】)

ビッグデータ、機械学習で注目のベイズ統計学がマンガでわかる！

- ●高橋 信／著
- ●上地 優歩／作画
- ●ウェルテ／制作
- ●B5変・256 頁
- ●定価(本体 2200 円【税別】)

【マンガでわかるシリーズ・既刊好評発売中！】

統計学 / 統計学 回帰分析編 / 統計学 因子分析編 / ベイズ統計学 / 機械学習 / 虚数・複素数 / 微分方程式 / 微分積分 / 線形代数 / フーリエ解析 / 物理 力学編 / 物理 光・音・波編 / 量子力学 / 相対性理論 / 宇 宙 / 電気数学 / 電 気 / 電気回路 / 電子回路 / ディジタル回路 / 電磁気学 / 発電・送配電 / 電 池 / 半導体 / 電気設備 / 熱力学 / 材料力学 / 流体力学 / シーケンス制御 / モーター / 測 量 / コンクリート / 土質力学 / CPU / プロジェクトマネジメント / データベース / 暗 号 / 有機化学 / 生化学 / 薬理学 / 分子生物学 / 免疫学 / 栄養学 / 基礎生理学 / ナースの統計学 / 社会学 / 技術英語

もっと詳しい情報をお届けできます．
○書店に商品がない場合または直接ご注文の場合も右記宛にご連絡ください．

ホームページ	https://www.ohmsha.co.jp/
TEL/FAX	TEL.03-3233-0643　FAX.03-3233-3440

(定価は変更される場合があります)

F-1907-258